中国农业标准经典收藏系列

中国农业行业标准汇编

（2020）

农机分册

农业标准出版分社　编

中国农业出版社

北　京

主　　编：刘　伟

副 主 编：安立宝　冀　刚

编写人员（按姓氏笔画排序）：

刘　伟　安立宝　杨桂华

杨晓改　胡烨芳　廖　宁

冀　刚

出 版 说 明

　　近年来，我们陆续出版了多版《中国农业标准经典收藏系列》标准汇编，已将 2004—2017 年由我社出版的 4 100 多项标准单行本汇编成册，得到了广大读者的一致好评。无论从阅读方式还是从参考使用上，都给读者带来了很大方便。

　　为了加大农业标准的宣贯力度，扩大标准汇编本的影响，满足和方便读者的需要，我们在总结以往出版经验的基础上策划了《中国农业行业标准汇编（2020）》。本次汇编对 2018 年出版的 319 项农业标准进行了专业细分与组合，根据专业不同分为种植业、畜牧兽医、植保、农机、综合和水产 6 个分册。

　　本书收录了农机质量评价技术规范、安全操作规程、作业质量要求等方面的农业行业标准和水产行业标准 26 项，并在书后附有 2018 年发布的 6 个标准公告供参考。

　　特别声明：

　　1. 汇编本着尊重原著的原则，除明显差错外，对标准中所涉及的有关量、符号、单位和编写体例均未做统一改动。

　　2. 从印制工艺的角度考虑，原标准中的彩色部分在此只给出黑白图片。

　　3. 本辑所收录的个别标准，由于专业交叉特性，故同时归于不同分册当中。

　　本书可供农业生产人员、标准管理干部和科研人员使用，也可供有关农业院校师生参考。

农业标准出版分社

2019 年 10 月

目　录

出版说明

附录

ICS 65.060.99
B 95

中华人民共和国农业行业标准

NY/T 258—2018
代替 NY/T 258—2007

剑麻加工机械 理麻机

Machinery for sisal hemp processing—Hacking machine

2018-12-19 发布

2019-06-01 实施

中华人民共和国农业农村部 发布

NY/T 258—2018

前　言

本标准按照 GB/T 1.1—2009 给出的规则起草。

本标准代替 NY/T 258—2007《剑麻加工机械　理麻机》。与 NY/T 258—2007 相比,除编辑性修改外主要技术变化如下:

——修改了标准的 ICS 国际标准分类号(见封面,2007 年版的封面);

——修改了标准的适用范围(见 1,2007 年版的 1);

——增加了规范性引用文件 GB/T 230.1、GB/T 1348 和 GB/T 5667(见 2);

——删除了直纤维的定义(见 3.1,2007 年版的 3.1);

——修改了麻条的定义(见 3.2,2007 年版的 3.2);

——增加了摆脚的定义(见 3.3);

——修改了型号规格表示方法(见 4.1,2007 年版的 4.2);

——修改了轴承温升的要求(见 5.1.2,2007 年版的 5.1.3);

——增加了"产品的使用有效度"(见 5.1.8);

——将对梳针零件的要求从"装配"调至"主要零部件"要求中(见 5.2.2.3,2007 版中 5.3.9);

——修改了摆脚的材料要求(见 5.2.3.2,2007 年版的 5.2.2.1)。

——增加了对梳针装配的要求(见 5.3.10);

——增加了罗拉的安全要求(见 5.7.1);

——修改了检验规则中的检验项目(见 7.2.5,2007 年版的 7.2.5)。

本标准由中华人民共和国农业农村部提出。

本标准由农业农村部热带作物及制品标准化技术委员会归口。

本标准起草单位:中国热带农业科学院农业机械研究所。

本标准主要起草人:欧忠庆、张园、刘智强、张劲、李明福。

本标准所代替标准的历次版本发布情况为:

——NY/T 258—1994、NY/T 258—2007。

剑麻加工机械 理麻机

1 范围

本标准规定了剑麻加工机械理麻机的术语和定义、产品型号规格和主要参数、技术要求、试验方法、检验规则及标志和包装等要求。

本标准适用于将剑麻直纤维梳理牵伸成麻条的机械。

2 规范性引用文件

下列文件对于本文件的应用是必不可少的。凡是注日期的引用文件,仅注日期的版本适用于本文件。凡是不注日期的引用文件,其最新版本(包括所有的修改单)适用于本文件。

GB/T 230.1 金属材料 洛氏硬度试验 第 1 部分:试验方法(A、B、C、D、E、F、G、H、K、N、T标尺)

GB/T 699 优质碳素结构钢

GB/T 1348 球墨铸铁件

GB 1497 低压电器基本标准

GB/T 1800.4 极限与配合 标准公差等级和孔、轴的极限偏差表

GB/T 1804 一般公差 未注公差的线性和角度尺寸的公差

GB/T 2828.1 计数抽样检验程序 第 1 部分:按接收质量限(AQL)检索的逐批检验抽样计划

GB/T 5667 农业机械 生产试验方法

GB/T 8196 机械安全 防护装置 固定式和活动式防护装置设计与制造一般要求

GB/T 9439 灰铸铁件

GB/T 10095 渐开线圆柱齿轮精度

GB/T 15032—2008 制绳机械设备通用技术条件

JB/T 9832.2 农林拖拉机及机具漆膜附着力性能测定法 压切法

NY/T 1036 热带作物机械 术语

3 术语和定义

NY/T 1036、GB/T 15032—2008 界定的以及下列术语和定义适用于本文件。

3.1

麻条 sliver ribbon

直纤维经梳理牵伸后形成连续且粗细基本一致的纤维条。

3.2

摆脚 slide block

安装于针轴两端,在轨道上滑动的零件。

4 产品型号规格和主要参数

4.1 型号规格表示方法

示例:LJ1 表示针排结构型式为摆脚式和梳针间距代号为1(间距为 25 mm～30 mm)的理麻机。

4.2 产品主要技术参数

产品的主要技术参数见表1。

表 1 产品主要技术参数

型号规格	主轴转速 r/min	功率 kW	净重 t	工作幅度及有 效牵伸长度 mm	梳针间距和 有效长度 mm	麻条规格 g/m	生产率 kg/h	麻条不匀率 %
LJ1	70～80	7.5	7.2	700×1 500	25～30,135	310～360	300～700	＜17
LJ2	120	4	4.3	400×1 900	14～18,90	180～320	300～700	＜14
LJ3	120	4	4.6	400×1 900	10～13,90	100～180	300～700	＜12

5 技术要求

5.1 一般要求

5.1.1 产品零件图样上未注精度等级应符合 GB/T 1804 中 IT14 的规定,滚动轴承位轴颈公差尺寸应符合 GB/T 1800.4 中 k7 的要求。

5.1.2 机器运转时各轴承的温度不应有骤升现象,空运转时温升≤40℃,负荷运转时温升≤60℃。

5.1.3 整机运转应平稳,不应有异常敲击声。滑动、转动部位应运转灵活、平稳、无阻滞现象。调整机构应灵活可靠,紧固件无松动。

5.1.4 梳针进出纤维过程中应与水平线成(90±5)°。

5.1.5 空载噪声应不大于 87 dB(A)。

5.1.6 梳理出来的麻条应符合工艺要求。

5.1.7 麻条规格及不匀率和生产率应符合4.2的要求。麻条不匀率测定见附录 A。

5.1.8 产品的使用有效度应不小于 90％。

5.2 主要零部件

5.2.1 齿轮

5.2.1.1 应采用力学性能不低于 GB/T 699 规定的 45 钢的材料制造。

5.2.1.2 加工精度应不低于 GB/T 10095 中 9 级精度的要求。

5.2.1.3 齿面硬度应不低于 22 HRC。

5.2.2 梳针

5.2.2.1 应采用力学性能不低于 GB/T 699 规定的 50 钢的材料制造。

5.2.2.2 硬度为 40 HRC～50 HRC。

5.2.2.3 不应有生锈、秃头和钩头等现象。

5.2.2.4 梳针间距和有效长度应符合4.2的要求。

5.2.3 轨道和摆脚

5.2.3.1 轨道应采用力学性能不低于 GB/T 9439 规定的 HT200 材料制造。

5.2.3.2 摆脚应采用力学性能不低于 GB/T 1348 规定的 QT450-10 材料制造。

5.3 装配

5.3.1 所有零、部件应检验合格;外购件、协作件应有合格证明文件并经检验合格后方可进行装配。

5.3.2 装配前运动副零件的表面应清洗干净。

5.3.3 平轨和弯轨结合处应平滑过渡。

5.3.4 离合器结合与分离应灵敏可靠。

5.3.5 齿轮接触斑点,在高度方向应≥30%,在长度方向应≥40%。

5.3.6 啮合齿轮的轴向错位≤1.5 mm。

5.3.7 两链轮齿宽对称面的偏移量不大于两链轮中心距的 2%;链条松边的下垂度应为两链轮中心距的 1%~5%。

5.3.8 两 V 带轮轴线平行度不大于两轮中心距的 1%;两 V 带轮轮宽对称面的偏移量不大于两轮中心距的 0.5%。

5.3.9 梳针应齐整,高度差≤2 mm。

5.3.10 梳针与针轴的联接应牢固可靠,不应有松动现象。

5.4 外观和涂漆

5.4.1 外观质量应符合 GB/T 15032—2008 中 5.3.1、5.3.3~5.3.6 的要求。

5.4.2 零、部件结合面的边缘应平整,相互错位量不应超过 5 mm。

5.4.3 漆层的漆膜附着力应符合 JB/T 9832.2 中 2 级 3 处的要求。

5.5 铸件

铸件质量应符合 GB/T 15032—2008 中 5.5.1~5.5.3 的要求。

5.6 焊接件

焊接件质量应符合 GB/T 15032—2008 中 5.6 的要求。

5.7 安全防护

5.7.1 外露的皮带轮、链轮、齿轮和罗拉应装固定式防护装置,防护装置应符合 GB/T 8196 的要求。

5.7.2 机器应能满足吊装和运输要求。

5.7.3 机器前后操作部位均应设置离合器操作手柄和急停按钮。

5.7.4 电机应采用全封闭结构,满足防尘需要。

5.7.5 外购的电气装置应符合 GB 1497 的要求,并应有安全合格证。

5.7.6 电气设备应有可靠的接地保护装置,接地电阻应≤10 Ω。

6 试验方法

6.1 空载试验

6.1.1 空载试验应在总装检验合格后进行。

6.1.2 在额定转速下连续运转时间应不少于 2 h。

6.1.3 空载试验项目和要求见表 2。

表 2 空载试验项目和要求

试验项目	要　　求
轴承温升	符合 5.1.2 的要求
工作平稳性及声响	符合 5.1.3 的要求

表 2（续）

试验项目	要　　求
针排在全行程内运行情况	符合 5.1.4 的要求
噪声	符合 5.1.5 的要求
离合器操作灵敏、可靠性	符合 5.3.4 的要求
啮合齿轮的接触斑点	符合 5.3.5 的要求

6.2　负载试验

6.2.1　负载试验应在空载试验合格后进行。

6.2.2　在额定转速及满负荷条件下，连续运转时间不少于 2 h。

6.2.3　负载试验项目和要求见表 3。

表 3　负载试验项目和要求

试验项目	要　　求
轴承温升	符合 5.1.2 的要求
工作平稳性及声响	符合 5.1.3 的要求
针排在全行程内运行情况	符合 5.1.4 的要求
生产率	符合 5.1.7 的要求
麻条不匀率	符合 5.1.7 的要求
离合器操作灵敏、可靠性	符合 5.3.4 的要求

6.3　其他试验方法

6.3.1　使用有效度的测试应按照 GB/T 5667 的规定执行。

6.3.2　尺寸公差的测试应按照 GB/T 1084 的规定执行。

6.3.3　洛氏硬度的测试应按照 GB/T 230.1 的规定执行。

6.3.4　漆膜附着力的测试应按照 GB/T 9832.2 的规定执行。

7　检验规则

7.1　出厂检验

7.1.1　出厂检验实行全检，取得合格证后方可出厂。

7.1.2　出厂检验项目及要求：
——外观和涂漆应符合 5.4 的要求；
——装配应符合 5.3 的要求；
——安全防护应符合 5.7 的要求；
——空载试验应符合 6.1 的要求。

7.1.3　用户有要求时，可进行负载试验，负载试验应符合 6.2 的要求。

7.2　型式检验

7.2.1　有下列情况之一时，应进行型式检验：
——新产品或老产品转厂生产；
——正式生产后，结构、材料、工艺等有较大改变，可能影响产品性能；
——正常生产时，定期或周期性抽查检验；
——产品长期停产后恢复生产；
——出厂检验结果与上次型式检验有较大差异；
——质量监督机构提出进行型式检验要求。

7.2.2 型式检验应采用随机抽样,抽样方法按照 GB/T 2828.1 中正常检查一次抽样方案确定。

7.2.3 样本应在 6 个月内生产的产品中随机抽取。抽样检查批量应不少于 3 台(件),样本大小为 2 台(件)。

7.2.4 样本应在生产企业成品库或销售部门抽取,零部件在零部件成品库或装配线上已检验合格的零部件中抽取。

7.2.5 型式检验项目、不合格分类见表 4。

表 4 检验项目、不合格分类

不合格分类	检验项目	样本数	项目数	检查水平	样本大小字码	AQL	Ac	Re
A	1. 麻条不匀率 2. 安全防护 3. 使用有效度		3			6.5	0	1
B	1. 生产率 2. 主要零件硬度 3. 噪声 4. 齿轮接触斑点和轴向错位 5. 轴承与轴、孔配合精度 6. 梳针	2	6	S-I	A	25	1	2
C	1. 零部件结合面尺寸 2. 外观和涂漆 3. 漆膜附着力 4. 标志和技术文件		4			40	2	3
注:AQL 为合格质量水平,Ac 为合格判定数,Re 为不合格判定数。								

7.2.6 判定规则

评定时采用逐项检验考核,A、B、C 各类的不合格总数小于等于 Ac 为合格,大于等于 Re 为不合格。A、B、C 各类均合格时,该批产品为合格品,否则为不合格品。

8 标志和包装

按照 GB/T 15032—2008 中 8 的规定执行。

附　录　A

（规范性附录）

麻条不匀率测定

每隔 30 m 剪取 1 m 麻条为试样，取 10 个试样，称取每个试样质量，按式（A.1）计算麻条不匀率。

$$H = \frac{\sum_{i=1}^{n} |G_i - G|}{Z} \times 100 \quad\cdots\cdots\cdots\cdots\cdots\cdots\cdots\cdots\cdots\cdots\cdots\cdots \text{（A.1）}$$

式中：

H ——麻条不匀率，单位为百分率（%）；

G_i ——第 i 个试样质量，单位为克（g）；

G ——全部试样质量算术平均值，单位为克（g）；

Z ——全部试样质量之和，单位为克（g）。

ICS 65.060.99
B 90

中华人民共和国农业行业标准

NY/T 262—2018
代替 NY/T 262—2003

天然橡胶初加工机械 绉片机

Machinery for primary processing of natural rubber—Crepper

2018-03-15 发布

2018-06-01 实施

中华人民共和国农业部 发布

前　言

本标准按照 GB/T 1.1—2009 给出的规则起草。

本标准代替了 NY/T 262—2003《天然橡胶初加工机械　绉片机》。与 NY/T 262—2003 相比,除编辑性修改外主要技术变化如下:

——修改了产品型号表示方法(见 3.1,2003 年版的 3.1);

——修改并增加了部分产品型号规格和主要参数(见 3.2,2003 年版的 3.2);

——增加了双排链联轴节的装配要求(见 4.2.7);

——删除了辊筒表面粗糙度的要求(见图 1,2003 年版的图 1);

——修改了齿轮齿面硬度要求(见 4.3.4.2,2003 年版的 4.3.4.2);

——增加了其他试验方法(见 5.3);

——调整了型式检验项目不合格分类 A、B 和 C 中项目(见 6.3.3,2003 年版的 6.3.3)。

本标准由中华人民共和国农业部提出。

本标准由农业部热带作物及制品标准化技术委员会归口。

本标准起草单位:中国热带农业科学院农业机械研究所。

本标准主要起草人:李明、刘智强、韦丽娇。

本标准所代替标准的历次版本发布情况为:

——NY/T 262—1994、NY/T 262—2003。

天然橡胶初加工机械 绉片机

1 范围

本标准规定了天然橡胶初加工机械绉片机的产品型号规格和主要参数、技术要求、试验方法、检验规则及标志、包装、运输和储存等要求。

本标准适用于天然橡胶初加工机械绉片机。

2 规范性引用文件

下列文件对于本文件的应用是必不可少的。凡是注日期的引用文件,仅注日期的版本适用于本文件。凡是不注日期的引用文件,其最新版本(包括所有的修改单)适用于本文件。

GB/T 699 优质碳素结构钢

GB/T 1184 形状和位置公差 未注公差值

GB/T 1348 球墨铸铁件

GB/T 1800.4 极限与配合标准公差等级和孔、轴的极限偏差表

GB/T 2828.1 计数抽样检验程序 第 1 部分:按接收质量限(AQL)检索的逐批检验抽样计划

GB/T 3768 声学声压法测定噪声源声功率级反射面上方采用包络测量表面的简易法

GB/T 9439 灰铸铁件

GB/T 10095 渐开线圆柱齿轮精度

GB/T 11352 一般工程用铸造碳素钢

GB/T 26655 蠕墨铸铁件

NY/T 409—2013 天然橡胶初加工机械通用技术条件

3 产品型号规格和主要参数

3.1 产品型号表示方法

产品型号编制方法按照 NY/T 409—2013 中 4.1 的规定,由机名代号和主要参数等组成,表示如下:

注:改进序号可不标。

示例:

ZP-300×600-A 表示辊筒直径为 300 mm、辊筒长度为 600 mm、改进序号为 A 的绉片机。

3.2 产品型号规格和主要参数

产品型号规格和主要参数见表 1。

表 1　产品型号规格和主要参数

产品型号名称	辊筒尺寸,mm		电机功率,kW	生产率(干胶),t/h
	直径	长度		
ZP-160×400 绉片机	160	400	4~5.5	0.5~0.7
ZP-200×600 绉片机	200	600	7.5~11	1.0~1.2
ZP-300×600 绉片机	300	600	15~18.5	1.0~1.2
ZP-350×700 绉片机	350	700	18.5~30	2.0~2.5
ZP-450×760 绉片机	450	760	37~45	3.5~4.0
ZP-510×760 绉片机	510	760	45~55	4.0~5.0
ZP-560×760 绉片机	560	760	55~75	4.0~5.0
ZP-610×760 绉片机	610	760	55~90	5.0~6.0
ZP-660×760 绉片机	660	760	75~110	6.0~8.0

4　技术要求

4.1　一般要求

4.1.1　可用度应不低于 95%。

4.1.2　空载时,轴承温升不超过 25℃;负载时,轴承温升不超过 30℃。减速箱润滑油的最高温度应不超过 65℃。

4.1.3　运转时,减速箱及其他润滑部位不应有渗漏油现象,防水密封装置不应有渗漏现象。

4.1.4　电气线路及软线护管应排列整齐,不应有伤痕和压扁等缺陷。

4.1.5　设备的接地电阻应不大于 10 Ω。

4.1.6　外观质量、涂漆质量、铸锻件质量、焊接件质量、加工质量、安全防护应分别符合 NY/T 409—2013 中 5.2、5.3、5.4、5.5、5.6 和 5.9 的要求。

4.1.7　空载运转时,电机功率≤45 kW,噪声应不大于 80 dB(A);电机功率>45 kW,噪声应不大于 90 dB(A)。

4.2　装配要求

4.2.1　所有自制件应检验合格;外购件、外协件应有合格证明文件并经检验合格后方可进行装配。

4.2.2　辊筒调整机构应转动灵活,无卡滞现象。

4.2.3　两辊筒工作面在全长范围内间隙不大于 0.10 mm。

4.2.4　装配后辊筒工作表面径向跳动量不大于 0.10 mm。

4.2.5　驱动齿轮副的齿侧间隙应符合 GB/T 10095 中 9 级精度的规定。

4.2.6　两 V 带轮轴线的平行度不大于两轮中心距的 1%,两 V 带轮对应端面的偏移量不大于两轮中心距的 0.5%。

4.2.7　双排链联轴节同轴度偏差不大于 0.4 mm。

4.3　主要零部件

4.3.1　辊筒

见图 1。

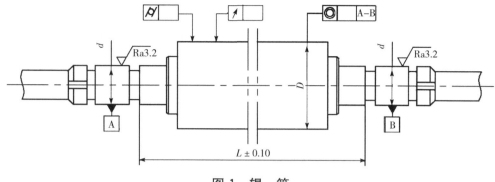

图 1　辊　筒

4.3.1.1　辊筒体应采用力学性能不低于 GB/T 26655 要求的 RuT350 或 GB/T 1348 要求的 QT 450—10 或 GB/T 11352 要求的 ZG 310—570 制造;两端轴应采用力学性能不低于 GB/T 699 要求的 45 钢制造。

4.3.1.2　辊筒工作表面要求耐磨、耐腐蚀,硬度不低于 200 HB。

4.3.1.3　辊筒体不应有裂纹,圆周表面直径和深度均不大于 1 mm 的砂眼、气孔数量不应超过 5 个,砂眼、气孔之间距离不少于 40 mm。

4.3.1.4　直径 D 和 d 的尺寸公差应分别符合 GB/T 1800.4 中的 s7 和 k6 或 h6 要求。

4.3.1.5　辊筒表面粗糙度应符合图 1 的要求。

4.3.1.6　形状和位置公差应符合 GB/T 1184 中 8 级精度的要求。

4.3.2　轴承座

见图 2。

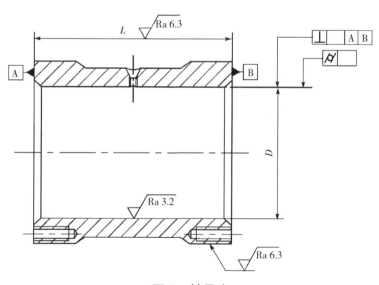

图 2　轴承座

4.3.2.1　应采用力学性能不低于 GB/T 9439 规定的 HT200 制造的要求。

4.3.2.2　轴承座不应有裂纹,表面直径和深度均不大于 2 mm 的砂眼、气孔数量不应超过 5 个,砂眼、气孔之间距离不少于 40 mm。

4.3.2.3　内孔直径 D 和长度 L 的尺寸公差应分别符合 GB/T 1800.4 中的 H7 和 r8 要求。

4.3.2.4　表面粗糙度应符合图 2 的要求。

4.3.2.5　形状和位置公差应符合 GB/T 1184 中 8 级精度的要求。

4.3.3　驱动大齿轮

4.3.3.1　应采用力学性能不低于 GB/T 9439 规定的 HT200 制造的要求。

4.3.3.2　铸件不应有裂纹,齿部和内孔、键槽处不应有铸造缺陷,其余部位的砂眼、气孔的直径和深度均不能大于 2 mm,数量不应超过 5 个,其之间距离不少于 40 mm。

4.3.3.3　加工精度应不低于 GB/T 10095 中 9 级精度的要求,齿面粗糙度为 Ra6.3。

4.3.3.4　内孔尺寸公差应符合 GB/T 1800.4 中 H8 的要求。

4.3.4　驱动小齿轮、速比齿轮、链轮

4.3.4.1　应采用力学性能不低于 GB/T 699 中规定的 45 钢的要求或 GB/T 11352 中规定的 ZG 310—570 制造的要求。

4.3.4.2　齿面硬度为 40 HRC～48 HRC。

4.3.4.3　加工精度应不低于 GB/T 10095 中 9 级精度的要求,齿面粗糙度为 Ra6.3。

4.3.5　机座

见图3。

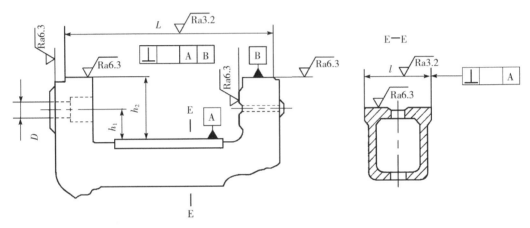

图 3　机　座

4.3.5.1　应采用力学性能不低于 GB/T 9439 规定的 HT200 制造的要求。

4.3.5.2　铸件不应有裂纹及影响强度的砂眼、气孔等缺陷。

4.3.5.3　尺寸 L 应符合 GB/T 1800.4 中 g6 的要求。

4.3.5.4　尺寸 h_1、h_2、l 应分别符合 GB/T 1800.4 中 H9、H8、h10 的要求。

4.3.5.5　加工表面粗糙度应符合图 3 中的规定。

4.3.5.6　形状和位置公差应符合 GB/T 1184 中 8 级精度的要求。

5　试验方法

5.1　空载试验

5.1.1　在总装检验合格后应进行空载试验。

5.1.2　在额定转速下应连续运转时间不少于 2 h。

5.1.3　按照表 2 的规定进行检查和测定。

表 2　空载试验

序号	试验项目	试验方法	试验仪器
1	工作平稳性及声响	感官	—
2	安全防护	目测	—
3	轴承温升	在试验结束时立即测定	温度计

表 2（续）

序号	试验项目	试验方法	试验仪器
4	减速箱和油封处渗漏油情况	目测	—
5	噪声	按照 GB/T 3768 的规定执行	Ⅱ型或Ⅱ型以上声级计

5.2 负载试验

5.2.1 使用单位有要求时，制造厂应在空载试验合格后进行负载试验。

5.2.2 在额定转速及满负荷条件下，应连续运转时间不少于 2 h。

5.2.3 应按照表 3 的规定进行检查和测定。

表 3 负载试验

序号	试验项目	试验方法	试验仪器
1	工作平稳性及声响	感官	—
2	安全防护	目测	—
3	轴承温升	在试验结束时立即测定	温度计
4	减速箱和油封处渗漏油情况	目测	—
5	生产率	测定单位时间的干胶产量	秒表、秤

5.3 其他试验方法

生产率、可用度、尺寸公差、形位公差、硬度、表面粗糙度、齿轮副侧隙和接触斑点及漆膜附着力的测定按照 NY/T 409—2013 中 6.3 规定的方法执行。

6 检验规则

6.1 检验分类

产品检验分出厂检验和型式检验。

6.2 出厂检验

6.2.1 产品均需经制造厂质检部门检验合格并签发"产品合格证"后方能出厂。

6.2.2 产品出厂实行全检，并做好产品出厂档案记录。

6.2.3 出厂检验项目及要求：

——外观质量应符合 NY/T 409—2013 中 5.2 的有关要求；

——装配质量应符合本标准 4.2 和 NY/T 409—2013 中 5.7 的有关要求；

——安全防护应符合 NY/T 409—2013 中 5.9 的有关要求；

——空载试验应符合本标准 5.1 的要求。

6.3 型式检验

6.3.1 有下列情况之一时才进行型式检验：

——新产品的试制定型鉴定或老产品转厂生产；

——正式生产后，结构、材料、工艺等有较大改变，可能影响产品性能；

——正常生产时，定期或周期性抽查检验；

——产品长期停产后恢复生产；

——出厂检验结果与上次型式检验有较大差异；

——国家质量监督机构提出型式检验要求。

6.3.2 抽样规则

6.3.2.1 型式检验采用随机抽样，抽样方法按照 GB/T 2828.1 中规定的正常检查一次抽样方案确定。

6.3.2.2 样品应在近 6 个月内生产的产品中随机抽取，抽样检查批量应不少于 3 台，样本大小为 2 台。

6.3.2.3 样品应在生产企业成品库或销售部门抽取,零部件在零部件成品库或装配线上抽取。

6.3.3 型式检验项目、不合格分类见表4。

表4 型式检验项目、不合格分类

不合格分类	检验项目	样本数	项目数	检查水平	样本大小字码	AQL	Ac	Re
A	1. 生产率 2. 可用度 3. 安全性		3			6.5	0	1
B	1. 噪声 2. 辊筒质量 3. 轴承与孔、轴配合尺寸 4. 双排链联轴节同轴度 5. 齿轮质量、齿轮副侧隙、接触斑点 6. 轴承温升	2	6	S-1	A	25	1	2
C	1. 辊筒间隙 2. 调整机构灵活可靠性 3. 减速机渗漏油 4. 零部件结合表面尺寸 5. 油漆外观及漆膜附着力 6. 整机外观质量 7. 标志和技术文件		7			40	2	3
注:AQL为合格质量水平,Ac为合格判定数,Re为不合格判定数。								

6.3.4 判定规则

评定时采用逐项检验考核,A、B、C各类的不合格总数小于等于Ac为合格,大于等于Re为不合格。A、B、C各类均合格时,该批产品为合格品,否则为不合格品。

7 标志、包装、运输和储存

按照 NY/T 409—2013 中 8 的规定。

ICS 65.060.01
B 90

中华人民共和国农业行业标准

NY/T 346—2018
代替 NY 346—2007，NY 1371—2007

拖拉机和联合收割机驾驶证

Driving license of tractor and combine

2018-03-15 发布
2018-06-01 实施

中华人民共和国农业部 发布

前　言

本标准按照 GB/T 1.1—2009 给出的规则起草。

本标准代替 NY 346—2007《拖拉机驾驶证证件》和 NY 1371—2007《联合收割机驾驶证证件》。与 NY 346—2007 和 NY 1371—2007 相比，主要变化如下：

——将原标准名称修改为《拖拉机和联合收割机驾驶证》；

——将原强制性标准修改为推荐性标准；

——增加"3　术语和定义"；

——增加"4　组成"；

——调整部分条款，将原第 4、5、6、7、10 章内容合并为"5　技术要求"；

——将原证夹上的"中华人民共和国拖拉机驾驶证"烫金压字改为"中华人民共和国拖拉机和联合收割机驾驶证"普通压字，并修改了证夹正面字体的大小；

——删除了证夹背面"农业部农业机械化管理司监制"字样；

——主页正面"有效期起始日期""有效期限"和"年"修改为"有效期限"；

——增加了主页、副页底纹的防伪设计；

——增加了副页背面字体的规定；

——修改了原"发证机关印章"式样；

——修改了拖拉机和联合收割机准驾机型代号；

——修改了档案编号的编码规定；

——增加了对照片头部宽度和长度的具体要求；

——增加了"5.5　塑封"要求；

——简化了原"8　试验方法和验收规则"；

——删除了原 9.1 中"包装箱编号"，简化了原"9.2　包装"；

——修改了附录。

本标准由农业部农业机械化管理司提出。

本标准由全国农业机械标准化技术委员会农业机械化分技术委员会(SAC/TC 201/SC 2)归口。

本标准起草单位：农业部农机监理总站。

本标准主要起草人：白艳、王聪玲、李吉、吴国强、王成武、胡东、路伟、花登峰。

本标准所代替标准的历次版本发布情况为：

——NY 346—1999、NY 346—2005、NY 346—2007；

——NY 1371—2007。

拖拉机和联合收割机驾驶证

1 范围

本标准规定了拖拉机和联合收割机驾驶证的术语和定义、组成、技术要求、检验、标志、包装、运输和储存。

本标准适用于农业机械化主管部门依法核发的拖拉机和联合收割机驾驶证的生产和检验。

2 规范性引用文件

下列文件对于本文件的应用是必不可少的。凡是注日期的引用文件，仅注日期的版本适用于本文件。凡是不注日期的引用文件，其最新版本（包括所有的修改单）适用于本文件。

GB/T 191　包装储运图示标记

GB/T 2260　中华人民共和国行政区划代码

GB/T 3181　漆膜颜色标准样本

3 术语和定义

下列术语和定义适用于本文件。

3.1

拖拉机和联合收割机驾驶证　driving license of tractor and combine

驾驶操作相应类型拖拉机和联合收割机所需持有的证件。

3.2

证芯　blank driving license

印有拖拉机和联合收割机驾驶证公共信息的纸质卡片。

3.3

签注　endorse

通过计算机管理系统并使用专用打印机在证芯上打印拖拉机和联合收割机驾驶人专属信息的过程。

4 组成

拖拉机和联合收割机驾驶证由证夹（见附录A）、主页、副页三部分组成。其中：主页是用塑封套塑封的已签注的证芯，副页是已签注的未塑封的证芯。

5 技术要求

5.1 证芯

5.1.1 印章

5.1.1.1 规格

发证机关印章为正方形，规格为 20 mm×20 mm，框线宽为 0.5 mm。

5.1.1.2 字体

印文使用的汉字为国务院公布的简化汉字，字体应为五号宋体。民族自治地方的自治机关根据本地区的实际情况，在使用全国通用格式的同时，可以附加使用本民族的文字或选用一种当地通用的民族文字,并适当缩小字号。

5.1.1.3 式样

发证机关印章印文自左向右横向多排排列,刻写的文字为发证机关全称。

5.1.1.4 颜色

发证机关印章为红色,使用红色紫外荧光防伪油墨印制。紫外灯照射下,呈现红色荧光。

5.1.2 材质

证芯使用 200 g~250 g 的高密度、高白度白卡纸。

5.1.3 式样

5.1.3.1 式样与颜色

格式、内容应符合附录 B 的规定,底纹采用超线防伪设计技术,防伪图案为"农机监理主标志 LO-GO"(见附录 C),颜色为 GB/T 3181 中的 G01 苹果绿色。

5.1.3.2 主页文字

5.1.3.2.1 主页正面文字

"中华人民共和国拖拉机和联合收割机驾驶证"字体为 11 pt 黑体,位置居中,颜色为黑色;"证号"字体为 10 pt 黑体,颜色为红色;"姓名""性别""国籍""住址""出生日期""初次领证日期""准驾机型""有效期限""发证机关(印章)""照片"为 8 pt 宋体,颜色为黑色。

5.1.3.2.2 主页背面文字

"准驾机型代号及准驾规定"字体为 12 pt 黑体,位置居中;"G1:轮式拖拉机""G2:轮式拖拉机运输机组和 G1""K1:手扶拖拉机""K2:手扶拖拉机运输机组和 K1""L:履带拖拉机""R:轮式联合收割机""S:履带式联合收割机"等字体为 11 pt 宋体,颜色为黑色。

5.1.3.3 副页文字

副页正面"中华人民共和国拖拉机和联合收割机驾驶证副页"字体为 11 pt 黑体,位置居中,颜色为黑色;"证号"字体为 10 pt 黑体,颜色为红色;"姓名""档案编号"和"记录"等字体为 8 pt 宋体,颜色为黑色。副页背面"记录"等字体为 8 pt 宋体,颜色为黑色。

5.1.4 印刷

5.1.4.1 外观

文字采用普通胶印印刷,印刷应无缺色,无透印,版面整洁,无脏、花、糊,无缺笔道。

5.1.4.2 证芯规格

长度为(88±0.5)mm,宽度为(60±0.5)mm,圆角半径为(4±0.1)mm。证芯应采用上下连体方式印刷。

5.1.4.3 套印

套印位置上下允许偏差 1 mm,左右允许偏差 1 mm。

5.2 签注

5.2.1 证号

证号采用持证者居民身份证件号码编号。

5.2.2 档案编号

档案编号为 12 位阿拉伯数字,第 1 位和第 2 位为省(自治区、直辖市)代码,第 3 位和第 4 位为市(地、州、盟)代码,第 5 位和第 6 位为县(市、区、旗)代码,后 6 位为发证地档案顺序编号。省市县代码应符合 GB/T 2260 的规定。

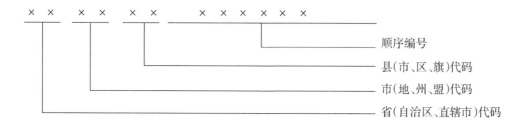

5.2.3 字体

证件主页和副页上的签注内容应使用专用打印机打印,字体为小五号仿宋体,颜色为黑色。在民族自治地方,驾驶证的"姓名"栏可根据有关规定使用本民族文字和汉字填写,其他栏目均用汉字填写。

5.2.4 照片

为申请人申请拖拉机和联合收割机驾驶证前6个月内的直边正面免冠彩色本人单人半身证件照;背景颜色为白色;不着制式服装;照片尺寸为32 mm×22 mm;头部宽度14 mm～16 mm,头部长度19 mm～22 mm;人像应清晰,神态自然,无明显畸变。

5.2.5 准驾机型代号

准驾机型用下列规定的代号签注,打印字体为五号仿宋体:
——G1:轮式拖拉机;
——G2:轮式拖拉机运输机组和G1;
——K1:手扶拖拉机;
——K2:手扶拖拉机运输机组和K1;
——L:履带拖拉机;
——R:轮式联合收割机;
——S:履带式联合收割机。

5.3 塑封套

5.3.1 组成

塑封套由A、B两页沿短边一侧加热封合而成,用于塑封驾驶证主页。

5.3.2 规格

长度为(95±0.5)mm,宽度为(66±0.5)mm,圆角半径为(4±0.1)mm。

5.3.3 材料

A页和B页基材使用厚度为(0.10±0.01)mm的PET透明聚酯膜。

5.3.4 涂层

5.3.4.1 涂层与基材之间没有脱胶现象。

5.3.4.2 涂层均匀,无气泡、灰层、油污和脏物。

5.3.5 耐温性能

在温度－50℃～60℃的环境下无开裂、黏连、脆化、软化等现象。

5.4 证夹

5.4.1 材质

外皮为黑色人造革,内皮为透明无色塑料。

5.4.2 式样

正面压字"中华人民共和国拖拉机和联合收割机驾驶证",其中"中华人民共和国"字体为18 pt宋体;"拖拉机和联合收割机驾驶证"字体为18 pt黑体,"中华人民共和国"和"拖拉机和联合收割机驾驶证"间距为15 mm。具体式样应符合附录A的规定。

5.4.3 规格

折叠后,长度为(102±1)mm,宽度为(73±1)mm,圆角半径为(4±0.1)mm。

5.4.4 外观

证夹外表手感柔软,外型规正挺括,折叠后不错位,外表无气泡,色泽均匀,压印字清晰无边刺,内皮透明无裂纹,内外皮封口牢固、均匀、无错位,证卡应能轻松地插入和取出。

5.4.5 耐温性能

证夹在温度-50℃～60℃的环境下无开裂、黏连、脆化、软化等现象。

5.5 塑封

5.5.1 外观

塑封套经塑封后,不起泡、不起皱。

5.5.2 封边

封边平整没有台阶和变形,封边宽度为1.0 mm～2.5 mm。

5.5.3 抗剥离

抗剥离应满足以下要求:

    a) 用塑封套塑封后,应封接牢固,涂层与片基、证芯之间不应有自然脱离现象;

    b) 剥离后,签注后的证芯被破坏,不可复用;

    c) 复合膜胶的剥离强度不小于30 N/25 mm。

6 检验

生产企业按照本标准的技术要求制定产品质量检验规程,并实施检验。

7 标志、包装、运输和储存

7.1 标志

包装箱体上应有产品名称、数量、标准编号、包装箱外廓尺寸、总质量、生产单位名称、地址、出厂年月日及注意事项等内容。包装箱体上应有"小心轻放""常温储存""勿受潮湿"等标志。标志应符合GB/T 191的规定。

7.2 包装

证卡和塑封套每100张为一小包装,证夹每50个为一小包装,小包装应平整、无破损、防水、防潮,且使用防潮纸加封。包装内应有合格证,合格证上应标明产品名称、数量、生产单位、生产日期、检验人员章、验收注意事项等。

7.3 运输

在运输过程中应防雨防潮、防高温。

7.4 储存

产品应保存在温度低于30℃、相对湿度不大于60%的仓库内,远离热源。

附　录　A
（规范性附录）
拖拉机和联合收割机驾驶证证夹式样

拖拉机和联合收割机驾驶证证夹式样见图 A.1。

图 A.1　拖拉机和联合收割机驾驶证证夹

NY/T 346—2018

附　录　B
（规范性附录）
拖拉机和联合收割机驾驶证证芯式样

B.1　拖拉机和联合收割机驾驶证主页正面

拖拉机和联合收割机驾驶证主页正面式样见图 B.1。

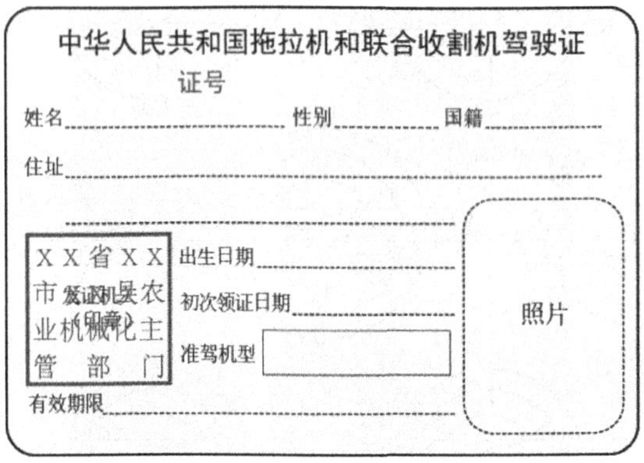

图 B.1　拖拉机和联合收割机驾驶证主页正面

B.2　拖拉机和联合收割机驾驶证主页背面

拖拉机和联合收割机驾驶证主页背面式样见图 B.2。

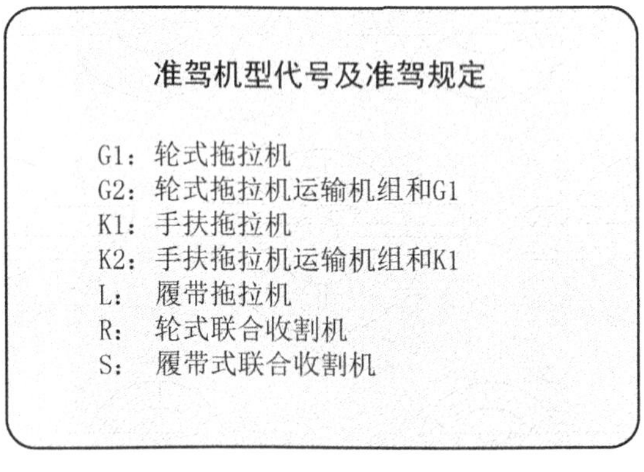

图 B.2　拖拉机和联合收割机驾驶证主页背面

B.3　拖拉机和联合收割机驾驶证副页正面

拖拉机和联合收割机驾驶证副页正面式样见图 B.3。

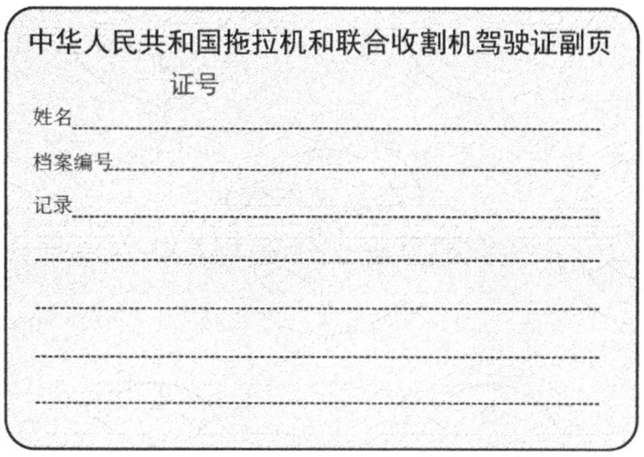

中华人民共和国拖拉机和联合收割机驾驶证副页

证号

姓名

档案编号

记录

图 B.3　拖拉机和联合收割机驾驶证副页正面

B.4　拖拉机和联合收割机驾驶证副页背面

拖拉机和联合收割机驾驶证副页背面式样见图 B.4。

记录

图 B.4　拖拉机和联合收割机驾驶证副页背面

附　录　C
（规范性附录）
农机监理主标志 LOGO

农机监理主标志 LOGO 见图 C.1。

图 C.1　农机监理主标志 LOGO

ICS 65.060.01
B 90

中华人民共和国农业行业标准

NY/T 347—2018
代替 NY 347.1~347.2—2005

拖拉机和联合收割机行驶证

Running license of tractor and combine

2018-03-15 发布

2018-06-01 实施

中华人民共和国农业部 发布

前　言

本标准按照 GB/T 1.1—2009 给出的规则起草。

本标准代替 NY 347.1—2005《拖拉机行驶证证件》和 NY 347.2—2005《联合收割机行驶证证件》。与 NY 347.1—2005 和 NY 347.2—2005 相比，主要变化如下：

——将原标准名称修改为《拖拉机和联合收割机行驶证》；

——将原强制性标准修改为推荐性标准；

——增加了"3　术语和定义"；

——增加了"4　组成"；

——调整部分条款，将原第 4、5、6、7、10 章内容合并为"5　技术要求"；

——将原证夹上的"中华人民共和国拖拉机行驶证"烫金压字改为"中华人民共和国拖拉机和联合收割机行驶证"普通压字，并修改了证夹正面字体的大小；

——删除了证夹背面"农业部农业机械化管理司监制"字样；

——增加了主页、副页底纹的防伪设计；

——修改了证夹、主页正面、副页正面及背面字体的大小；

——修改了原"发证机关印章"式样；

——修改了主页正面、副页正面签注内容；

——增加了"5.5　塑封"要求；

——简化了原"8　试验方法和验收规则"；

——删除了原 9.1 中"包装箱编号"，简化了原"9.2　包装"；

——修改了附录。

本标准由农业部农业机械化管理司提出。

本标准由全国农业机械标准化技术委员会农业机械化分技术委员会(SAC/TC 201/SC 2)归口。

本标准起草单位：农业部农机监理总站。

本标准主要起草人：王聪玲、毕海东、李吉、柴小平、吴国强、蔡勇、杨云峰、花登峰。

本标准所代替标准的历次版本发布情况：

——NY 347—1999；

——NY 347.1—2005；

——NY 347.2—2005。

拖拉机和联合收割机行驶证

1 范围

本标准规定了拖拉机和联合收割机行驶证的术语和定义、组成、技术要求、检验、标志、包装、运输和储存。

本标准适用于农业机械化主管部门依法核发的拖拉机和联合收割机行驶证的生产和检验。

2 规范性引用文件

下列文件对于本文件的应用是必不可少的。凡是注日期的引用文件,仅注日期的版本适用于本文件。凡是不注日期的引用文件,其最新版本(包括所有的修改单)适用于本文件。

GB/T 191 包装储运图示标记

GB/T 3181 漆膜颜色标准样本

3 术语和定义

下列术语和定义适用于本文件。

3.1

拖拉机和联合收割机行驶证 running license of tractor and combine

准予拖拉机和联合收割机投入使用的法定证件。

3.2

证芯 blank running license

印有拖拉机和联合收割机行驶证公共信息的纸质卡片。

3.3

签注 endorse

通过计算机管理系统并使用专用打印机在证芯上打印拖拉机和联合收割机专属信息及所有人基本信息的过程。

4 组成

拖拉机和联合收割机行驶证由证夹(见附录 A)、主页、副页三部分组成。其中:主页正面是已签注的证芯,背面是拖拉机或联合收割机照片,并用塑封套塑封。副页是已签注的未塑封的证芯。

5 技术要求

5.1 证芯

5.1.1 证件印章

5.1.1.1 规格

发证机关印章为正方形,规格为 20 mm×20 mm,框线宽为 0.5 mm。

5.1.1.2 字体

印文使用的汉字为国务院公布的简化汉字,字体应为五号宋体。民族自治地方的自治机关根据本地区的实际情况,在使用全国通用格式的同时,可以附加使用本民族的文字或选用一种当地通用的民族文字,并适当缩小字号。

5.1.1.3 式样

发证机关印章印文自左向右横向多排排列,刻写的文字为发证机关全称。

5.1.1.4 颜色

发证机关印章为红色,使用红色紫外荧光防伪油墨印制。紫外灯照射下,呈现红色荧光。

5.1.2 材质

证芯使用 200 g～250 g 的高密度、高白度白卡纸。

5.1.3 式样

5.1.3.1 式样与颜色

格式、内容应符合附录 B 的规定,底纹采用超线防伪设计技术,防伪图案为"农机监理主标志 LO-GO"(见附录 C),颜色为 GB/T 3181 中的 G01 苹果绿色。

5.1.3.2 主页文字

5.1.3.2.1 主页正面文字

"中华人民共和国拖拉机和联合收割机行驶证"字体为 11 pt 黑体,位置居中,颜色为黑色;"号牌号码""类型""所有人""住址""底盘号/机架号""挂车架号码""发动机号码""品牌""型号名称""发证机关(印章)""登记日期""发证日期"等其他文字的字体为 7.5 pt 宋体,颜色为黑色。

5.1.3.2.2 主页背面文字

"粘贴拖拉机或联合收割机照片"的字体为 12 pt 宋体,颜色为黑色。

5.1.3.3 副页文字

"中华人民共和国拖拉机和联合收割机行驶证副页"字体为 11 pt 黑体,位置居中,颜色为黑色;"号牌号码""类型""拖拉机最小使用质量""拖拉机最大允许载质量""联合收割机质量""千克""准乘人数""人""外廓尺寸""毫米""检验记录"文字的字体为 7.5 pt 宋体,颜色为黑色。

5.1.4 印刷

5.1.4.1 外观

文字采用普通胶印印刷,印刷应无缺色,无透印,版面整洁,无脏、花、糊,无缺笔道。

5.1.4.2 证芯规格

长度为(88±0.5) mm,宽度为(60±0.5) mm,圆角半径为(4±0.1) mm。证芯应采用上下连体方式印刷。

5.1.4.3 套印

套印位置上下允许偏差 1 mm,左右允许偏差 1 mm。

5.2 签注

5.2.1 字体

证件主页和副页上的签注内容应使用专用打印机打印,字体为小五号仿宋体,颜色为黑色,"检验记录"栏应加盖检验专用章并签注检验有效期的截止日期,或者按照检验专用章的格式由计算机打印检验有效期的截止日期。

5.2.2 照片

应为拖拉机或联合收割机前方左侧 45°拍摄的全机(拖拉机运输机组应当带挂车)外部彩色照片,规格为 88 mm×60 mm,圆角半径 4 mm。拖拉机或联合收割机影像应占照片的 2/3,应能够明确辨别车型和机身颜色。

5.3 塑封套

5.3.1 组成

塑封套由 A、B 两页沿短边一侧加热封合而成,用于塑封行驶证主页。

5.3.2 规格

长度为(95±0.5)mm,宽度为(66±0.5)mm,圆角半径为(4±0.1)mm。

5.3.3 材料

A页和B页基材使用厚度为(0.10±0.01)mm的PET透明聚酯膜。

5.3.4 涂层

5.3.4.1 涂层与基材之间没有脱胶现象。

5.3.4.2 涂层均匀,无气泡、灰层、油污和脏物。

5.3.5 耐温性能

在温度-50℃~60℃的环境下无开裂、黏连、脆化、软化等现象。

5.4 证夹

5.4.1 材质

外皮为黑色人造革,内皮为透明无色塑料。

5.4.2 式样

正面压字"中华人民共和国拖拉机和联合收割机行驶证",其中"中华人民共和国"字体为18 pt宋体;"拖拉机和联合收割机行驶证"字体为18 pt黑体。"中华人民共和国"和"拖拉机和联合收割机行驶证"间距为15 mm。具体式样应符合附录A的规定。

5.4.3 规格

折叠后,长度为(102±1)mm,宽度为(73±1)mm,圆角半径为(4±0.1)mm。

5.4.4 外观

证夹外表手感柔软,外型规正挺括,折叠后不错位,外表无气泡,色泽均匀,压印字清晰无边刺,内皮透明无裂纹,内外皮封口牢固、均匀、无错位,证卡应能轻松地插入和取出。

5.4.5 耐温性能

证夹在温度-50℃~60℃的环境下无开裂、黏连、脆化、软化等现象。

5.5 塑封

5.5.1 外观

塑封套经塑封后,不起泡、不起皱。

5.5.2 封边

封边平整没有台阶和变形,封边宽度为1.0 mm~2.5 mm。

5.5.3 抗剥离

抗剥离应满足以下要求:

a) 用塑封套塑封后,应封接牢固,涂层与片基、证芯之间不应有自然脱离现象;

b) 剥离后,签注后的证芯被破坏,不可复用;

c) 复合膜胶的剥离强度不小于30 N/25 mm。

5.5.4 耐温性能

在温度-50℃~60℃的环境下无开裂、黏连、脆化、软化等现象。

6 检验

生产企业按照本标准的技术要求制定产品质量检验规程,并实施检验。

7 标志、包装、运输和储存

7.1 标志

NY/T 347—2018

包装箱体上应有产品名称、数量、标准号、包装箱外廓尺寸、总质量、生产单位名称、地址、出厂年月日及注意事项等内容。包装箱体上应有"小心轻放""常温储存""勿受潮湿"等标志。标志应符合 GB/T 191 的规定。

7.2 包装

证卡和塑封套每 100 张为一小包装,证夹每 50 个为一小包装,小包装应平整、无破损、防水、防潮,且使用防潮纸加封。包装内应有合格证,合格证上应标明产品名称、数量、生产单位、生产日期、检验人员章、验收注意事项等。

7.3 运输

在运输过程中应防雨防潮、防高温。

7.4 储存

产品应保存在温度低于 30℃、相对湿度不大于 60% 的仓库内,远离热源。

附 录 A

（规范性附录）

拖拉机和联合收割机行驶证证夹式样

拖拉机和联合收割机行驶证证夹式样见图 A.1。

图 A.1 拖拉机和联合收割机行驶证证夹式样

NY/T 347—2018

附　录　B
（规范性附录）
拖拉机和联合收割机行驶证证芯式样

B.1　拖拉机和联合收割机行驶证主页正面

拖拉机和联合收割机行驶证主页正面式样见图 B.1。

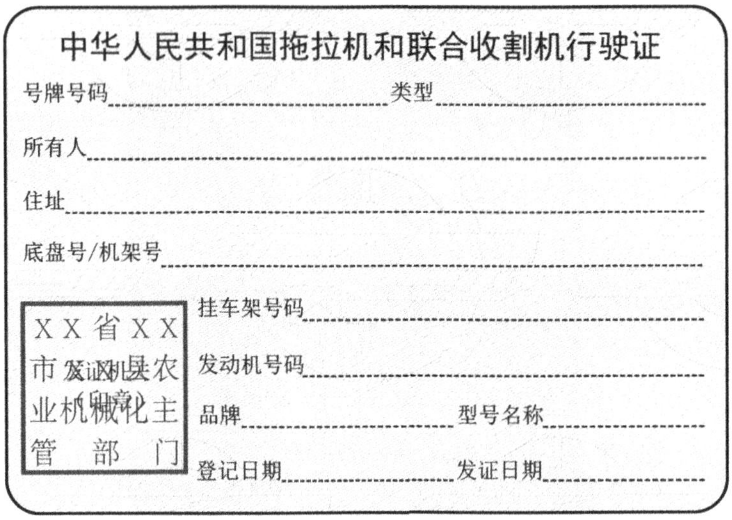

中华人民共和国拖拉机和联合收割机行驶证

号牌号码_____ 类型_____

所有人_____

住址_____

底盘号/机架号_____

XX省XX
市发证机关农
业机械化主
管 部 门

挂车架号码_____

发动机号码_____

品牌_____ 型号名称_____

登记日期_____ 发证日期_____

图 B.1　拖拉机和联合收割机行驶证主页正面

B.2　拖拉机和联合收割机行驶证主页背面

拖拉机和联合收割机行驶证主页背面式样见图 B.2。

粘贴拖拉机或联合收割机照片

图 B.2　拖拉机和联合收割机行驶证主页背面

34

B.3 拖拉机和联合收割机行驶证副页正面

拖拉机和联合收割机行驶证副页正面式样见图 B.3。

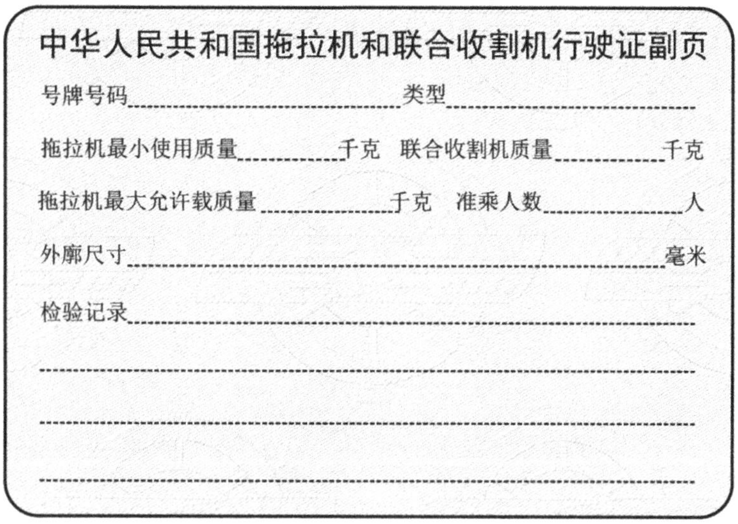

中华人民共和国拖拉机和联合收割机行驶证副页

号牌号码＿＿＿＿＿＿＿＿ 类型＿＿＿＿＿＿＿

拖拉机最小使用质量＿＿＿千克 联合收割机质量＿＿＿千克

拖拉机最大允许载质量＿＿＿千克 准乘人数＿＿＿人

外廓尺寸＿＿＿＿＿＿＿＿＿＿＿毫米

检验记录＿＿＿＿＿＿＿＿＿＿＿

图 B.3 拖拉机和联合收割机行驶证副页正面

B.4 拖拉机和联合收割机行驶证副页背面

拖拉机和联合收割机行驶证副页背面式样见图 B.4。

图 B.4 拖拉机和联合收割机行驶证副页背面

NY/T 347—2018

附　录　C

（规范性附录）

农机监理主标志 LOGO

农机监理主标志 LOGO 见图 C.1。

图 C.1　农机监理主标志 LOGO

ICS 65.060
B 91

中华人民共和国农业行业标准

NY/T 462—2018
代替 NY/T 462—2001

天然橡胶初加工机械　燃油炉
质量评价技术规范

Primary processing machinery of natural rubber—
Oil-fired furnace—Technical specification of quality evaluation

2018-03-15 发布

2018-05-22 实施

中华人民共和国农业部 发布

前　言

本标准按照 GB/T 1.1—2009 给出的规则起草。

本标准代替 NY/T 462—2001《天然橡胶初加工机械　燃油炉》。与 NY/T 462—2001 相比,除编辑性修改外主要变化如下:

——对标准名称做了修改,将《天然橡胶初加工机械　燃油炉》修改为《天然橡胶初加工机械　燃油炉　质量评价技术规范》;

——删除了对产品型号表示方法的规定(见 2001 年版的 3.1);

——增加了对文件资料的基本要求(见 3.1);

——增加了使用有效度、燃油炉密封情况等主要性能要求(见 4.1);

——增加了安全以及使用信息等技术要求(见 4.2 和 4.5);

——删除了耐火砖结构式燃油炉的结构示意图(见 2001 年版的图 1);

——增加了耐热钢结构式燃油炉的技术要求(见 4.4.2);

——增加了检测方法(见 5);

——增加了检验规则,包括抽样方法、检验项目、不合格分类及判定规则(见 6);

——删除了对产品包装、运输和储存的要求(见 2001 年版的 6)。

本标准由中华人民共和国农业部提出。

本标准由农业部热带作物及制品标准化技术委员会归口。

本标准起草单位:中国热带农业科学院农产品加工研究所、广东省湛江农垦第一机械厂。

本标准主要起草人:黄晖、付云飞、张帆、莫建德、刘义军、宫杰。

本标准所代替标准的历次版本发布情况为:

——NY/T 462—2001。

天然橡胶初加工机械 燃油炉 质量评价技术规范

1 范围

本标准规定了天然橡胶初加工机械燃油炉的基本要求、质量要求、检测方法和检验规则。

本标准适用于天然橡胶初加工机械燃油炉的质量评定,天然橡胶初加工机械燃气炉及油气两用炉可参照执行。

2 规范性引用文件

下列文件对于本文件的应用是必不可少的。凡是注日期的引用文件,仅注日期的版本适用于本文件。凡是不注日期的引用文件,其最新版本(包括所有的修改单)适用于本文件。

GB/T 700 碳素结构钢

GB/T 2828.1 计数抽样检验程序 第1部分:按接收质量限(AQL)检索的逐批检验抽样计划

GB/T 2988 高铝砖

GB/T 2994 高铝质耐火泥浆

GB/T 3994 粘土质隔热耐火砖

GB/T 3995 高铝质隔热耐火砖

GB/T 4238 耐热钢钢板和钢带

GB/T 5667 农业机械 生产试验方法

GB/T 9969 工业产品使用说明书 总则

GB 10396 农林拖拉机和机械、草坪和园艺动力机械 安全标志和危险图形 总则

GB/T 13306 标牌

GB/T 14982 粘土质耐火泥浆

NY/T 409 天然橡胶初加工机械通用技术条件

YB/T 5106 粘土质耐火砖

3 基本要求

3.1 文件资料

质量评价所需文件资料应至少包括:

——产品执行标准或产品制造验收技术条件;

——产品使用说明书。

3.2 主要技术参数核对与测量

依据产品使用说明书和企业提供的其他技术文件,对样机的主要技术参数按照表1的规定进行核对或测量。

表 1 核测项目表

序号	项 目	方 法
1	规格型号	核对
2	结构型式	核对
3	外形尺寸(长度×直径)	测量

4 质量要求

4.1 主要性能要求

产品主要性能要求应符合表2的要求。

表 2 产品主要性能要求

序号	项　目	指　标
1	可用度(K_{18h}),%	≥95
2	燃油炉外表面温度,℃	≤45
3	燃油炉密封情况	无热风泄漏
4	点火试烧	火焰燃烧区应在炉膛正中;燃油雾化情况应良好;燃料应燃烧完全,不应有黑烟出现

4.2 安全要求

4.2.1 燃料存放器具应与燃油炉分开放置,并符合消防安全要求。

4.2.2 在易发生危险的部位,应在明显处设有安全警示标志,安全警示标志应符合 GB 10396 的要求。

4.3 一般要求

4.3.1 燃油炉的结构应满足燃料燃烧的要求,有利于载热气体的保温与输送,操作应方便、安全可靠。

4.3.2 耐火砖结构式燃油炉,土建部分应到使用现场筑造。筑造完毕,应自然静置 15 d 以上,让水分自然挥发。

4.3.3 燃油喷嘴应按设计要求进行选用,应适合燃油炉的要求。

4.3.4 燃油喷嘴的配套风机应根据喷嘴型号选配。

4.3.5 安装燃油喷嘴时,油管接头处应严密,不应有泄漏现象。

4.3.6 燃烧机应是合格产品,性能结构应符合相关要求。

4.3.7 外观质量、焊接件质量和装配质量应符合 NY/T 409 的有关要求。

4.4 关键零部件质量

4.4.1 耐火砖结构式燃油炉

4.4.1.1 炉壳应采用力学性能不低于 GB/T 700 中 Q235A 的材料制造。

4.4.1.2 炉壳制成后,应除锈、涂防锈漆。

4.4.1.3 保温层用保温砖砌成,保温砖应采用水泥与普通石棉泥(或容重和保温性能不低于普通石棉泥的材料),以不大于1∶9的比例预制而成,保温层厚度应不小于 60 mm。

4.4.1.4 砌保温砖的泥浆,应采用水泥与普通石棉泥(或容重和保温性能不低于普通石棉泥的材料),以不大于1∶9的比例调水而成,调水浓度以能黏结保温砖为限,越干越好。

4.4.1.5 耐火层应采用耐火度不低于 YB/T 5106 规定的 N-2a 牌号黏土质耐火砖(或 GB/T 2988 规定的 LZ-48 牌号高铝砖),使用耐火度不低于 GB/T 14982 规定的 NN-38 牌号黏土质耐火泥浆(或 GB/T 2994 规定的 LZ-55 牌号高铝质耐火泥浆)砌成。

4.4.1.6 砌耐火层时,耐火泥浆应以能黏砖为限,越干越好;耐火砖应不湿水,灰浆应布满耐火砖之间的接触面,采用软于耐火砖的物体敲击砖块,直到砖缝达到最小。

4.4.1.7 位于保温层与耐火层之间的中间层,应采用耐火度不低于 GB/T 3994 规定的 NG-1.0 牌号黏土质隔热耐火砖(或 GB/T 3995 规定的 NG-1.0 牌号高铝质隔热耐火砖),以及耐火度不低于 GB/T 14982 规定的 NN-38 牌号黏土质耐火泥浆(或 GB/T 2994 规定的 LN-55 牌号高铝质耐火泥浆)。

4.4.1.8 砌中间层的耐火泥浆及砌砖要求与砌耐火层的耐火泥浆及砌砖要求相同。

4.4.1.9 挡火墙应选用与耐火层相同的耐火砖及耐火泥浆砌成。

4.4.1.10 砌挡火墙的耐火泥浆及砌砖要求与砌耐火层的耐火泥浆及砌砖要求相同。

4.4.2 耐热钢结构式燃油炉

炉胆应采用耐高温氧化、力学性能不低于 GB/T 4238 中的耐热钢制造,炉体应采用力学性能不低于 GB/T 700 中的 Q235A 制造,保温层应采用导热系数不大于 0.045 W/(m·K)的材料制造。

4.5 使用信息要求

4.5.1 产品使用说明书的编制应符合 GB/T 9969 的规定,除包括产品基本信息外,还应包括安全注意事项、禁用信息以及对安全标志的详细说明等内容。

4.5.2 应在设备明显位置固定产品标牌,标牌应符合 GB/T 13306 的规定。

5 检测方法

5.1 性能试验

5.1.1 可用度

按照 GB/T 5667 的规定进行测定。对产品进行连续 3 个班次的查定,每个班次作业时间为 6 h。

5.1.2 燃油炉外表面温度

燃油炉外表面温度采用测温仪测定。

5.1.3 燃油炉密封情况

燃油炉密封情况采用感官检查。

5.1.4 点火试烧

燃油炉静置干燥后,按点火操作程序进行点火试烧,时间不少于 0.5 h。

5.2 安全要求

安全要求采用目测检查。

5.3 一般要求

按照 4.3 的规定进行逐项检查,所有子项合格,则该项合格。

5.4 关键零部件质量

按照 4.4 的规定进行逐项检查,所有子项合格,则该项合格。

5.5 使用信息

5.5.1 使用说明书按照 GB/T 9969 的规定进行检查。

5.5.2 产品标牌按照 GB/T 13306 的规定进行检查。

6 检验规则

6.1 抽样方法

6.1.1 抽样应符合 GB/T 2828.1 中正常检查一次抽样方案的要求。

6.1.2 样本应在制造单位近 1 年内生产的合格产品中随机抽取,抽样检查批量应不少于 3 台,样本大小为 2 台。在销售部门抽样时,不受上述限制。

6.2 检验项目、不合格分类

检验项目、不合格分类见表 3。

表 3 检验项目、不合格分类

不合格分类	检验项目	样本数	项目数	检查水平	样本大小字码	AQL	Ac	Re
A	1. 安全要求 2. 可用度（K_{18h}）		2			6.5	0	1
B	1. 燃油炉外表面温度 2. 燃油炉密封情况 3. 点火试烧	2	3	S-Ⅰ	A	25	1	2
C	1. 关键零部件质量 2. 装配质量 3. 外观质量 4. 标志、标牌 5. 使用说明书		5			40	2	3
注：AQL 为合格质量水平，Ac 为合格判定数，Re 为不合格判定数。								

6.3 判定规则

评定时采用逐项检验考核，A、B、C 各类的不合格项总数小于或等于 Ac 为合格，大于或等于 Re 为不合格。A、B、C 各类均合格时，该批产品为合格品，否则为不合格品。

ICS 65.060.30

B 91

中华人民共和国农业行业标准

NY/T 990—2018

代替 NY/T 990—2006

马铃薯种植机械 作业质量

Potato planter—Operating quality

2018-03-15 发布

2018-06-01 实施

中华人民共和国农业部 发布

前　言

本标准按照 GB/T 1.1—2009 给出的规则起草。

本标准代替了 NY/T 990—2006《马铃薯种植机械　作业质量》。与 NY/T 990—2006 相比,除编辑性修改外主要技术内容变化如下:

——修改了作业条件;

——删除了"空穴率""平均株距""株距合格率""种肥间距""施肥量相对误差"作业质量指标及相应的检测方法;

——修改了检测方法内容,将检测方法分为专业检测方法和简易检测方法,修改了"种薯幼芽损伤率""邻接行距合格率"的检测方法,增加了"播行直线性偏差"作业质量指标及相应的检测方法;

——修改了检验规则内容。

本标准由农业部农业机械化管理司提出。

本标准由全国农业机械标准化技术委员会农业机械化分技术委员会(SAC/TC 201/SC 2)归口。

本标准起草单位:内蒙古自治区农牧业机械试验鉴定站、锡林郭勒盟农牧业机械技术推广站、内蒙古自治区农牧业机械化技术推广站、包头市农业机械技术培训推广服务站。

本标准主要起草人:王菡、周风林、刘波、侯兰在、王健、纪惠鹏、包乌云毕力格、陈少恒、班义成、刘伟、曹玉。

本标准所代替标准的历次版本发布情况为:

——NY/T 990—2006。

马铃薯种植机械 作业质量

1 范围

本标准规定了马铃薯种植机械的术语和定义、作业质量要求、检测方法和检验规则。

本标准适用于马铃薯种植机械的作业质量评定。

2 规范性引用文件

下列文件对于本文件的应用是必不可少的。凡是注日期的引用文件,仅注日期的版本适用于本文件。凡是不注日期的引用文件,其最新版本(包括所有的修改单)适用于本文件。

GB/T 5262—2008 农业机械试验条件 测定方法的一般规定

GB/T 6242—2006 种植机械 马铃薯种植机 试验方法

3 术语和定义

下列术语和定义适用于本文件。

3.1

覆土深度 depth of covering

从种薯上表面至覆土层上表面的距离。

3.2

邻接行距 neighbouring row space

两个相邻作业行程衔接之间的距离。

4 作业质量要求

4.1 作业条件

耕整后地块应满足马铃薯种植机械作业要求,土壤绝对含水率为12%～20%;种薯形状指数、种薯幼芽损伤情况按照GB/T 6242—2006中的规定测定并记录;记录种薯幼芽长度应≤1.5 cm(如适用);作业速度和配套动力应满足产品使用说明书的要求。也可以根据实际情况,由服务双方协商确定。

4.2 作业质量指标

在4.1规定的作业条件下,马铃薯种植机械的作业质量应符合表1的规定。

表1 作业质量要求一览表

序号	检测项目名称	质量指标要求		检测方法对应条款号
		专业检测方法	简易检测方法	
1	漏种指数	≤10%		5.1.3
2	种薯幼芽损伤率	≤2%	—	5.1.5
3	覆土深度合格率	≥80%		5.1.4
4	种薯间距合格指数	≥80%		5.1.3
5	邻接行距合格率	≥90%		5.1.7
6	播行直线性偏差	≤10 cm		5.1.6
注:服务双方可以协商确定采用专业检测法或简易检测法。				

5 检测方法

5.1 专业检测方法

5.1.1 作业条件测定

按照 GB/T 5262—2008 的规定测定土壤绝对含水率,按照 GB/T 6242—2006 中 4.1 的规定记录种薯形状指数,按照 GB/T 6242—2006 中 3.4 的规定记录种薯幼芽长度(如适用)。

种薯的原始幼芽损伤率测定,在准备种植的种薯中随机抽取 100 个种薯,目测种薯幼芽的数目和种薯幼芽损伤数目,种薯幼芽损伤数占种薯幼芽总数的百分数为种薯的原始幼芽损伤率(对于没有幼芽的种薯,不测此项)。

5.1.2 检测段确定

按照 GB/T 5262—2008 中 4.2 规定的五点法进行取点,每点处选取长度为 100 m,共 5 行作为检测区。将这 5 行每 50 m 长分为一段,将所分的段编号,从每行中随机抽取一段,共抽取 5 段作为检测段。

5.1.3 种薯间距合格指数、漏种指数

在 5.1.2 中确定的检测区内,每行连续测定 100 个种薯间距,共计 500 个种薯间距,按照 GB/T 6242—2006 中附录 A 的方法计算得出种薯间距合格指数和漏种指数。

5.1.4 覆土深度合格率

每个检测段连续测定 20 个种薯的覆土深度,以当地农艺要求的覆土深度 H 为标准,$(H\pm1)$ cm 为合格,合格覆土深度的个数占所测覆土深度总个数的百分数为覆土深度合格率。

5.1.5 种薯幼芽损伤率

每个检测段连续测定 20 个种薯,目测种薯幼芽总数和幼芽损伤数,幼芽损伤数占种薯幼芽总数的百分数为种薯总幼芽损伤率,种薯幼芽损伤率为总幼芽损伤率与原始幼芽损伤率之差(对于没有幼芽的种薯,不测此项)。

5.1.6 播行直线性偏差

在作业地块连续选取 5 行,长度为 50 m 的区域作为播行直线性偏差检测区域。找出每行第 1 个和最后 1 个种子,连接成线作为基准线,以第 1 个种子开始的 5 m 处作为第 1 个测点,读取距离测试点最近的马铃薯种子中心与基准线的距离作为测量值,每隔 2 m 测量 1 次,连续测量 20 次,5 行共测量 100 个点,取最大值作为播行直线性偏差。

5.1.7 邻接行距合格率

按照 5.1.6 的规定选取的区域为基准区,在基准区一侧连续选取 5 组邻接行,沿播种作业方向每隔 10 m 测量 5 个行距值,测 3 次,共 15 个行距值。以当地农艺要求的行距值 B 为标准,所测行距大于 $0.9B$ 且不大于 $1.1B$ 为合格,合格行距的个数占所测行距的总个数的百分比为行距合格率。

5.2 简易检验方法

5.2.1 检测段的确定按照 5.1.2 的规定执行。

5.2.2 漏种指数、种薯间距合格指数检验按照 5.1.3 的规定执行,覆土深度合格率检验按照 5.1.4 的规定执行,播行直线性偏差检验按照 5.1.6 的规定执行,邻接行距合格率检验按照 5.1.7 的规定执行。

6 检验规则

6.1 作业质量考核项目

马铃薯种植机械作业质量考核项目见表 2。

表 2 作业质量考核项目表

序号	检测项目名称	
	专业检测方法	简易检测方法
1	漏种指数	漏种指数
2	种薯幼芽损伤率	—
3	覆土深度合格率	覆土深度合格率

表 2（续）

序号	检测项目名称	
	专业检测方法	简易检测方法
4	种薯间距合格指数	种薯间距合格指数
5	邻接行距合格率	邻接行距合格率
6	播行直线性偏差	播行直线性偏差

6.2 综合评定规则

对检测项目进行逐项考核。全部检测项目合格时，判定马铃薯种植机械作业质量为合格；否则，为不合格。

———————————

ICS 65.060.01
B 90

中华人民共和国农业行业标准

NY/T 1408.4—2018

农业机械化水平评价
第4部分：农产品初加工

The evaluation for the level of agricultural mechanization—
Part 4: Agricultural products primary processing

2018-03-15 发布   2018-06-01 实施

中华人民共和国农业部 发布

前　言

NY/T 1408《农业机械化水平评价》拟分为 6 个部分：
——第 1 部分：种植业；
——第 2 部分：畜禽养殖业；
——第 3 部分：水产养殖业；
——第 4 部分：农产品初加工；
——第 5 部分：果、茶、桑；
——第 6 部分：设施农业。
本部分为 NY/T 1408 的第 4 部分。
本部分按照 GB/T 1.1—2009 给出的规则起草。
本部分由农业部农业机械化管理司提出。
本部分由全国农业机械标准化技术委员会农业机械化分技术委员会(SAC/TC 201/SC 2)归口。
本部分起草单位：农业部规划设计研究院、中国农业大学。
本部分主要起草人：刘清、魏青、师建芳、赵威、赵玉强、谢奇珍、娄正、史少然、邵广。

农业机械化水平评价 第4部分:农产品初加工

1 范围

本部分规定了农产品初级加工机械化作业水平的评价指标和计算方法。

本部分适用于粮油(粮食、油料)、果蔬(果类、蔬菜)、畜禽产品(肉类、蛋类、乳类)、水产品(鱼类、有壳类、藻类、软体类)及特色农产品(棉、糖、茶等)等农产品的初级加工机械化程度的统计和评价。

2 规范性引用文件

下列文件对于本文件的应用是必不可少的。凡是注日期的引用文件,仅注日期的版本适用于本文件。凡是不注日期的引用文件,其最新版本(包括所有的修改单)适用于本文件。

NY/T 1640—2015 农业机械分类

3 术语和定义

下列术语和定义适用于本文件。

3.1

农产品初加工 agricultural products primary processing

以减少损失为目的,在产地对提供使用或出售的农产品进行不改变其内在成分的加工过程,主要包含农产品脱出、清选、保质等环节,但不涉及农产品碾米、制粉、磨浆、榨油等环节。

3.2

农产品初加工机械化水平 the mechanization level of agricultural products primary processing

在农产品初加工过程中,采用机械作业代替人力劳动的程度,用机械加工农产品的原料质量占其产量的比率来定量表示。

4 评价指标

农产品初加工机械化水平评价指标及其权重见表1。

表1 农产品初加工机械化水平的评价指标

一级指标		二级指标		
指标名称	代码	指标名称	代码	权重
农产品初加工机械化水平,%	A	农产品脱出处理机械化水平,%	A_1	0.35
		农产品清选处理机械化水平,%	A_2	0.35
		农产品保质处理机械化水平,%	A_3	0.30

5 指标计算方法

5.1 农产品初加工机械化水平

农产品初加工机械化水平按式(1)计算。

$$A = 0.35A_1 + 0.35A_2 + 0.30A_3 \quad\cdots\cdots\cdots\cdots\cdots\cdots\cdots\cdots\cdots\cdots\cdots (1)$$

式中:

A ——农产品初加工机械化水平,单位为百分率(%);

A_1——农产品脱出处理机械化水平,单位为百分率(%);

A_2——农产品清选处理机械化水平,单位为百分率(%);

A_3——农产品保质处理机械化水平,单位为百分率(%)。

5.2 农产品脱出处理机械化水平

农产品脱出处理机械化水平按式(2)计算。

$$A_1 = \frac{s_{jt}}{s_{tt}} \times 100 \qquad \cdots\cdots\cdots\cdots\cdots\cdots\cdots\cdots\cdots\cdots\cdots\cdots\cdots\cdots (2)$$

式中:

s_{jt}——机械脱出农产品质量,指当年使用机械进行粮油作物脱粒脱壳、蔬菜外观整理、水果去核去皮、畜禽类屠宰剃毛脱羽放血、水产品采肉处理、机收棉花的除杂、糖料作物剥叶切樱、茶叶杀青处理的各种农产品原料质量。即为了脱出农产品中有食用和经济价值部分,当年使用NY/T 1640—2015中收获后处理机械类的脱粒机械、部分种子加工机械、农产品初加工机械类的剥壳(去皮)机械、砻谷机、部分茶叶加工机械,以及去核机、屠宰设备、水产品脱壳机和采肉机等加工的各种初级原料的质量。多次重复加工,按首次加工的原料质量计入。单位为吨(t);

s_{tt}——实际脱出农产品质量,指当年实际进行脱出处理的各种农产品质量,单位为吨(t)。

s_{jt}、s_{tt}的具体统计和计算方法参见附录A。

5.3 农产品清选处理机械化水平

农产品清选处理机械化水平按式(3)计算。

$$A_2 = \frac{s_{jq}}{s_{qt}} \times 100 \qquad \cdots\cdots\cdots\cdots\cdots\cdots\cdots\cdots\cdots\cdots\cdots\cdots\cdots\cdots (3)$$

式中:

s_{jq}——机械清选农产品质量,指当年使用机械进行粮油清选分级、果蔬清选分级、肉类胴体分割加工、蛋类清选分级、乳类杀菌、水产品清选分级、茶叶揉捻的各种农产品原料质量。即为选出或洗出农产品品质和外观较好部分,当年使用NY/T 1640—2015中收获后处理机械类的清选机械、种子加工机械和农产品初加工机械类的果蔬加工机械、部分茶叶加工机械,以及磁选机、杀菌机、过滤机、胴体加工设备、喷淋机、调质机、切断机、消毒机、灭菌机等加工的各种初级原料的质量。多次重复加工,按首次加工的原料质量计入。单位为吨(t);

s_{qt}——实际清选农产品质量,指当年实际进行清选处理的各种农产品质量,单位为吨(t)。

s_{jq}、s_{qt}的具体统计和计算方法参见附录A。

5.4 农产品保质处理机械化水平

农产品保质处理机械化水平按式(4)计算。

$$A_3 = \frac{s_{jb}}{s_{bt}} \times 100 \qquad \cdots\cdots\cdots\cdots\cdots\cdots\cdots\cdots\cdots\cdots\cdots\cdots\cdots\cdots (4)$$

式中:

s_{jb}——机械保质农产品质量,指当年使用机械进行干燥、保鲜、储藏处理的各种农产品质量。即当年使用NY/T 1640—2015中收获后处理机械类的干燥机械和农产品初加工机械类的茶叶炒(烘)干机,以及有热源装置的干燥设施进行干燥处理的各种农产品质量,当年使用保鲜储藏设备、外加能源的预冷储藏等设施进行保鲜处理的各类农产品质量,当年使用外加能源进行通风、控温、气调等的设施进行储藏处理的各类农产品质量。多次重复加工,按首次加工的原料质量计算,单位为吨(t);

s_{bt}——实际保质农产品质量,指当年实际进行保质处理的各种农产品质量,单位为吨(t)。

s_{jb}、s_{bt}的具体统计和计算方法参见附录A。

附 录 A

（资料性附录）

农产品初加工机械化指标统计方法及水平计算

A.1 农产品初加工机械化指标统计方法

农产品初加工机械化指标统计方法见表 A.1。

表 A.1 农产品初加工机械化指标统计方法

评价指标	计算方法	所需数据	数据来源和统计	统计方法
脱出处理机械化水平，%	本年度机械脱出农产品质量÷实际脱出农产品质量	本年度使用机械对粮油作物脱粒脱壳、蔬菜外观整理、水果去皮去核、畜禽屠宰剥毛放血、水产品脱壳采肉处理、机收棉花的除杂、糖料作物剥叶切缨、茶叶杀青处理的各种农产品原料质量（单位：t）	需农机管理部门配合，指导实地调查，完成科学统计	统计辖区内本年度：粮食机械脱粒总量、油料机械脱壳脱粒总量、蔬菜机械外观整理总量、水果机械去皮去核总量、畜禽肉类机械屠宰剥毛放血总量、水产品机械脱壳采肉总量、机收棉花除杂总量、糖料作物机械剥叶切缨总量、茶叶机械杀青总量
		本年度实际进行脱出处理的各种农产品质量（单位：t）	可从农业主管部门获取粮油、果蔬、特色农产品的产量数据，从畜牧业主管部门获取肉类、禽类的产量数据，从渔业主管部门获取水产品的产量数据（产量数据需与《全国农业统计提要》中的数据保持一致）	计算辖区内本年度：粮食产量（谷类、豆类）、油料产量（含花生、油菜籽、芝麻、胡麻籽、向日葵籽）、蔬菜产量（根菜类、茎菜类、叶菜类、花菜类、果菜类、白菜类、瓜菜类、茄果类、葱蒜类、甘蓝类、块茎类、豆荚类、水生菜、绿叶类及菜用瓜）、水果产量〔苹果类、梨类、柑橘类、热带水果（香蕉、菠萝、荔枝、龙眼）、桃、猕猴桃、葡萄、红枣、柿子、西瓜、甜瓜、草莓〕、肉类产量（猪肉、牛肉、羊肉、禽肉）、水产品产量（鱼类、甲壳类、贝类、藻类、头足类、其他类）、棉花产量、糖料作物产量（甘蔗、甜菜）、茶叶产量（绿茶、青茶、红茶、黑茶、黄茶、白茶）
清选处理机械化水平，%	本年度机械清选农产品质量÷实际清选农产品质量	本年度使用机械进行粮食清选分级、油料作物清选分级、蔬菜清选分级、水果清选分级、肉类禽类胴体分割加工、蛋类清选分级、乳类过滤杀菌、水产品清洗分级、茶叶揉捻的各种农产品原料质量（单位：t）	需农机管理部门配合，指导实地调查，完成科学统计	统计辖区内本年度：粮食机械清选分级总量、油料机械清选分级总量、蔬菜机械清选分级总量、水果机械清选分级总量、肉类机械胴体分割加工总量、蛋类机械清选分级总量、乳类机械杀菌总量、水产类机械清洗分级总量、茶叶机械揉捻总量
		本年度实际进行清选处理的各种农产品质量（单位：t）	可从农业主管部门获取粮油、果蔬、特色农产品的产量数据，从畜牧业主管部门获取肉、蛋和乳的产量数据，从渔业主管部门获取水产品的产量数据（产量数据需与《全国农业统计提要》中的数据保持一致）	计算辖区内本年度：粮食产量（谷类、豆类、薯类）、油料产量（花生、油菜籽、芝麻、胡麻籽、向日葵籽）、蔬菜产量（根菜类、茎菜类、叶菜类、花菜类、果菜类、白菜类、瓜菜类、茄果类、葱蒜类、甘蓝类、块茎类、豆荚类、水生菜、绿叶类及菜用瓜）、水果产量〔苹果类、梨类、柑橘类、热带水果（香蕉、菠萝、荔枝、龙眼）、桃、猕猴桃、葡萄、红枣、柿子、西瓜、甜瓜、草莓〕、肉类产量（猪肉、牛肉、羊肉、禽肉）、蛋类产量（鸡蛋、鸭蛋、鹅蛋）、乳类产量（牛奶）、水产类产量（鱼类、甲壳类、贝类、藻类、头足类、其他类）、茶叶产量（绿茶、青茶、红茶、黑茶、黄茶、白茶）

表 A.1（续）

评价指标	计算方法	所需数据	数据来源和统计	统计方法
保质处理机械化水平,%	本年度机械保质农产品质量÷实际保质农产品质量	本年度使用机械对粮食、油料、蔬菜、水果、肉、蛋、奶、水产品及特色农产品等进行干燥、储藏、保鲜等加工的相应原料(单位:t)	需农机管理部门配合,指导实地调查,完成科学统计	统计辖区内本年度:粮食机械干燥、保鲜和储藏总量,油料机械干燥、保鲜和储藏总量,蔬菜机械干制、保鲜和储藏总量,水果机械干制、保鲜和储藏总量,肉类机械干制、保鲜和储藏总量,蛋类机械保鲜和储藏总量,乳类机械干制、保鲜和储藏总量,水产类机械干制、保鲜和储藏总量,茶叶机械干燥和储藏总量
		本年度实际进行保质处理的各种农产品质量(单位:t)	可从农业主管部门获取粮油、果蔬、特色农产品的产量数据,从畜牧业主管部门获取肉、蛋和乳的产量数据,从渔业主管部门获取水产品的产量数据(产量数据需与《全国农业统计提要》中的数据保持一致)	计算辖区内本年度:粮食产量(谷类、豆类、薯类)、油料产量(花生、油菜籽、芝麻、胡麻籽、向日葵籽)、蔬菜产量(根菜类、茎菜类、叶菜类、花菜类、果菜类、白菜类、瓜菜类、茄果类、葱蒜类、甘蓝类、块茎类、豆荚类、水生菜、绿叶类及菜用瓜)、水果产量[苹果类、梨类、柑橘类、热带水果(香蕉、菠萝、荔枝、龙眼)、桃、猕猴桃、葡萄、红枣、柿子、西瓜、甜瓜、草莓]、肉类产量(猪肉、牛肉、羊肉、禽肉)、蛋类产量(鸡蛋、鸭蛋、鹅蛋)、乳类产量(牛奶)、水产类产量(鱼类、甲壳类、贝类、藻类、头足类、其他类)、茶叶产量(绿茶、青茶、红茶、黑茶、黄茶、白茶)

A.2 农产品初加工机械化指标统计要求

A.2.1 不论加工何种农产品,不按加工前或加工后的质量计算,均按其农产品的产量统计,对不能按这种方法统计的农产品,则要求机械加工的状态与实际加工的状态一致。例如,茶类农产品的统计,以加工后的干茶产量分别进行机械化和实际质量的统计;粮食类农产品,以原粮分别统计;棉花,以皮棉分别统计。

A.2.2 同一加工环节出现重复加工的农产品,均按首次加工来统计其质量。例如,蔬菜的清洗和茶叶的揉搓,针对不同种类不同用途,可能会分几次清洗和多次揉捻,为避免统计出现机械加工质量大于实际加工质量,按首次加工来统计。

A.2.3 同一设备能实现某种农产品两种或两种以上加工环节时,应将相应机械加工量分别计入不同加工环节。例如,粮油作物脱出、清选环节与收获环节有交叉的,将加工量分别计入脱出、清选环节机械加工量。

A.2.4 二级指标计算时,无论机械加工还是实际加工的农产品质量,都是先进行同种加工状态下农产品质量的加和计算,再把机械加工之和比上实际加工之和得到该加工状态下的机械化百分率。

A.2.5 农产品产量的统计只针对本地种植、养殖的农作物进行,不考虑输入型农产品的种类和质量。

A.2.6 农产品初加工各个环节的机械加工总量既要统计在农村、农民以及农业合作社范围内的机械加工农产品质量,也要统计进入企业的机械加工农产品质量。

A.2.7 对本地没有生产的农产品,产量和机械化处理质量的数据都按 0 t 统计上报。

A.2.8 各类农产品的实际脱出、清选、保质农产品质量可按当年该农产品产量进行统计。

A.2.9 大类农产品具体需要统计的机械加工的品种参见实际加工的品种。

A.3 农产品初加工机械化水平计算

农产品初加工机械化水平计算见表A.2、表A.3。

表A.2 农产品初加工机械化水平计算

代码	名 称	单位	数据	计算方法
a1	粮食产量(谷类:稻谷、小麦、玉米;豆类:大豆、绿豆、红小豆;薯类:马铃薯)(在计算脱出处理机械化水平时,不计入薯类的产量)	t		3个二级指标计算公式的分母可对应a1~a12的产量之和
a2	油料产量(花生、油菜籽、芝麻、胡麻籽、向日葵籽)	t		
a3	蔬菜产量(根菜类、茎菜类、叶菜类、花菜类、果菜类、白菜类、瓜菜类、茄果类、葱蒜类、甘蓝类、块茎类、豆荚类、水生菜、绿叶类)	t		
a4	水果产量[苹果类、梨类、柑橘类、热带水果(香蕉、菠萝、荔枝、龙眼)、桃、猕猴桃、葡萄、红枣、柿子、西瓜、甜瓜、草莓]	t		
a5	肉类产量(猪肉、牛肉、羊肉、鸡肉、鸭肉、鹅肉、兔肉)	t		
a6	奶类产量(牛奶)	t		
a7	蛋类产量(鸡蛋、鸭蛋、鹅蛋)	t		
a8	水产类产量(鱼类、甲壳类、贝类、藻类、头足类、其他类)	t		
a9	棉花产量(棉花)	t		
a10	糖料作物产量(甘蔗、甜菜)	t		
a11	茶叶产量(绿茶、青茶、红茶、黑茶、黄茶、白茶)	t		
a12	机械粮食脱粒总量	t		a13~a21对应的总量之和为二级指标脱出处理计算公式的分子
a13	机械油料脱壳总量	t		
a14	机械蔬菜外观整理总量	t		
a15	机械水果去皮去核总量	t		
a16	机械肉类屠宰、剃毛、脱羽、放血总量	t		
a17	机械水产类脱壳、采肉总量	t		
a18	机械棉花除杂总量	t		
a19	机械甘蔗剥叶和甜菜切缨总量	t		
a20	机械茶叶杀青总量	t		
a21	机械粮食清选分级总量	t		a22~a31对应的总量之和为二级指标清选处理计算公式的分子
a22	机械油料清选分级总量	t		
a23	机械蔬菜清洗总量	t		
a24	机械水果清洗和分级总量	t		
a25	机械肉类胴体加工总量	t		
a26	机械奶类过滤和杀菌总量	t		
a27	机械蛋类清洗和分级总量	t		
a28	机械水产类清洗总量	t		
a29	机械茶叶揉捻总量	t		
a30	机械粮食干燥、保鲜和储藏总量	t		a32~a40对应的总量之和为二级指标保质处理计算公式的分子
a31	机械油料干燥、保鲜和储藏总量	t		
a32	机械蔬菜干燥、保鲜和储藏总量	t		
a33	机械水果干燥、保鲜和储藏总量	t		
a34	机械肉类干燥、保鲜和储藏总量	t		
a35	机械奶类干燥、保鲜和储藏总量	t		
a36	机械蛋类保鲜和储藏总量	t		
a37	机械水产类干燥、保鲜和储藏总量	t		
a38	机械茶叶干燥和储藏总量	t		

表 A.3　农产品初加工机械化水平计算公式

粮油初加工机械化水平,%	脱出处理机械化水平指标 A_1 计算: $A_1 = \dfrac{s_{jt}}{s_{tt}} = \dfrac{a12+a13}{a1+a2} \times 100 =$ _____（%）
	清选处理机械化指标 A_2 计算: $A_2 = \dfrac{s_{jq}}{s_{qt}} = \dfrac{a21+a22}{a1+a2} \times 100 =$ _____（%）
	保质处理机械化指标 A_3 计算: $A_3 = \dfrac{s_{jb}}{s_{bt}} = \dfrac{a30+a31}{a1+a2} \times 100 =$ _____（%）
	农产品初加工机械化指标 A 计算: $A = 0.35A_1 + 0.35A_2 + 0.30A_3 =$ _____（%）
果蔬初加工机械化水平,%	脱出处理机械化水平指标 A_1 计算: $A_1 = \dfrac{s_{jt}}{s_{tt}} = \dfrac{a14+a15}{a3+a4} \times 100 =$ _____（%）
	清选处理机械化指标 A_2 计算: $A_2 = \dfrac{s_{jq}}{s_{qt}} = \dfrac{a23+a24}{a3+a4} \times 100 =$ _____（%）
	保质处理机械化指标 A_3 计算: $A_3 = \dfrac{s_{jb}}{s_{bt}} = \dfrac{a32+a33}{a3+a4} \times 100 =$ _____（%）
	农产品初加工机械化指标 A 计算: $A = 0.35A_1 + 0.35A_2 + 0.30A_3 =$ _____（%）
畜产品初加工机械化水平,%	脱出处理机械化水平指标 A_1 计算: $A_1 = \dfrac{s_{jt}}{s_{tt}} = \dfrac{a16}{a5} \times 100 =$ _____（%）
	清选处理机械化指标 A_2 计算: $A_2 = \dfrac{s_{jq}}{s_{qt}} = \dfrac{a25+a26+a27}{a5+a6+a7} \times 100 =$ _____（%）
	保质处理机械化指标 A_3 计算: $A_3 = \dfrac{s_{jb}}{s_{bt}} = \dfrac{a34+a35+a36}{a5+a6+a7} \times 100 =$ _____（%）
	农产品初加工机械化指标 A 计算: $A = 0.35A_1 + 0.35A_2 + 0.30A_3 =$ _____（%）
水产品初加工机械化水平,%	脱出处理机械化水平指标 A_1 计算: $A_1 = \dfrac{s_{jt}}{s_{tt}} = \dfrac{a17}{a8} \times 100 =$ _____（%）
	清选处理机械化指标 A_2 计算: $A_2 = \dfrac{s_{jq}}{s_{qt}} = \dfrac{a28}{a8} \times 100 =$ _____（%）
	保质处理机械化指标 A_3 计算: $A_3 = \dfrac{s_{jb}}{s_{bt}} = \dfrac{a37}{a8} \times 100 =$ _____（%）
	农产品初加工机械化指标 A 计算: $A = 0.35A_1 + 0.35A_2 + 0.30A_3 =$ _____（%）
特色农产品初加工机械化水平,%	脱出处理机械化水平指标 A_1 计算: $A_1 = \dfrac{s_{jt}}{s_{tt}} = \dfrac{a18+a19+a20}{a9+a10+a11} \times 100 =$ _____（%）
	清选处理机械化指标 A_2 计算: $A_2 = \dfrac{s_{jq}}{s_{qt}} = \dfrac{a29}{a11} \times 100 =$ _____（%）
	保质处理机械化指标 A_3 计算: $A_3 = \dfrac{s_{jb}}{s_{bt}} = \dfrac{a38}{a11} \times 100 =$ _____（%）
	农产品初加工机械化指标 A 计算: $A = 0.35A_1 + 0.35A_2 + 0.30A_3 =$ _____（%）

ICS 65.060.50
B 91

中华人民共和国农业行业标准

NY/T 1412—2018
代替 NY/T 1412—2007

甜菜收获机械　作业质量

Sugar beet harvester—Operating quality

2018-03-15 发布

2018-06-01 实施

中华人民共和国农业部 发布

前　言

本标准按照 GB/T 1.1—2009 给出的规则起草。

本标准代替了 NY/T 1412—2007《甜菜收获机　作业质量》。与 NY/T 1412—2007 相比,除编辑性修改外主要变化如下:

——修改了标准的中、英文名称;

——修改了适用范围(见 1);

——调整了规范性引用文件(见 2);

——增加了甜菜割叶切顶机、甜菜挖掘集条机、甜菜捡拾机、甜菜挖掘机、甜菜联合收获机、根头、合格切削位置、斜切、掰切、块根破碎、捡拾损失、杂质等术语和定义(见 3.1、3.2、3.3、3.4、3.5、3.6、3.7、3.11、3.12、3.14、3.17、3.19);

——删除了块根损伤定义(见 2007 年版的 3.5);

——增加了作业条件及甜菜割叶切顶机、甜菜挖掘集条机、甜菜捡拾机作业质量要求(见 4.1、4.2);

——修改了检测方法的相关内容(见 5.1、5.2、5.3);

——增加了多切率、破碎率、捡拾率的检测方法(见 5.4.1.2、5.4.2.3、5.4.3.1);

——删除了块根损伤的检测方法(见 2007 年版的 5.2.5);

——增加了甜菜割叶切顶机、甜菜挖掘集条机、甜菜捡拾机作业质量的考核项目内容(见表 6)。

本标准由农业部农业机械化管理司提出。

本标准由全国农业机械标准化技术委员会农业机械化分技术委员会(SAC/TC 201/SC 2)归口。

本标准起草单位:黑龙江大学、黑龙江德沃科技开发有限公司。

本标准主要起草人:卢秉福、宋柏权、毕永利、盛遵冰、吴庆峰、韩宏宇、栾巍。

本标准所代替标准的历次版本发布情况为:

——NY/T 1412—2007。

甜菜收获机械 作业质量

1 范围

本标准规定了甜菜收获机械的术语和定义、作业质量要求、检测方法和评定规则。

本标准适用于甜菜割叶切顶机、甜菜挖掘集条机、甜菜捡拾机、甜菜挖掘机和甜菜联合收获机作业的质量评定。

2 规范性引用文件

下列文件对于本文件的应用是必不可少的。凡是注日期的引用文件，仅注日期的版本适用于本文件。凡是不注日期的引用文件，其最新版本（包括所有的修改单）适用于本文件。

GB/T 5262 农业机械试验条件 测定方法的一般规定

3 术语和定义

下列术语和定义适用于本文件。

3.1

甜菜割叶切顶机 sugar beet top cutter

去除甜菜茎叶、完成切顶的机械。

3.2

甜菜挖掘集条机 sugar beet root strip laying digger

完成甜菜块根挖掘、清理并将块根集中条放的机械。

3.3

甜菜捡拾机 sugar beet pick up machine

完成甜菜块根捡拾、清理、输送、装载的机械。

3.4

甜菜挖掘机 sugar beet digger

完成甜菜块根挖掘、捡拾、清理、输送、装箱的机械。

3.5

甜菜联合收获机 sugar beet combine harvester

一次作业可完成去除甜菜茎叶、切顶、挖掘、捡拾、清理、输送、装箱的机械。

3.6

根头 beet top

甜菜块根上着生叶片的部位，又称青头或青顶。

3.7

合格切削位置 qualified cutting position

第1片叶痕（甜菜根头第1对真叶的痕迹处）上(15±2)mm处（根头垂直高度大于15 mm）或第1片叶痕上(5±2)mm处（根头垂直高度小于15 mm）。

3.8

漏切 missing cutting

通过根头切削机构后，根头未被切掉。

3.9

少切　little cutting

甜菜根头被切削后的断面位置高于合格切削位置。

3.10

多切　more cutting

甜菜根头被切削后的断面位置低于合格切削位置。

3.11

斜切　inclined cutting

甜菜根头被切削后的断面呈斜面。

3.12

掰切　breaking cutting

通过根头切削机构后部分根头被切削,部分根头被掰断。

3.13

块根折断　root breaking off

在甜菜挖掘、捡拾、清理、输送过程中,直径 1 cm 的根尾至块根 1/3 处折断。

3.14

块根破碎　root fracture

在挖掘、捡拾、清理、输送过程中,根头至块根 2/3 处发生破碎或断裂。

3.15

漏挖损失　leaking digging loss

挖掘作业后漏挖的块根。

3.16

埋藏损失　burying loss

挖掘作业后埋藏在土壤中的块根。

3.17

捡拾损失　pick up loss

捡拾作业后遗留在地表上的块根。

3.18

块根损失　root loss

漏挖损失、埋藏损失以及捡拾损失的块根质量之和。

3.19

杂质　impurity

收获后块根表面和块根群体中含有的土,沙,石,草,其他作物的茎、叶,甜菜茎叶,直径不足 1 cm 的尾根、叉根及 100 g 以下的小块根等。

4　作业质量要求

4.1　作业条件

甜菜成熟,适宜收获。地势平坦,行距一致,土壤含水率不高于 20%。

4.2　作业质量要求

甜菜割叶切顶机、甜菜挖掘集条机、甜菜捡拾机、甜菜挖掘机、甜菜联合收获机作业质量应分别符合表 1、表 2、表 3、表 4 和表 5 的要求。

表 1　甜菜割叶切顶机作业质量要求

序号	项　目	质量指标	对应的检测方法条款号
1	切顶合格率	≥85.0%	5.4.1.1
2	多切率	≤3.0%	5.4.1.2

表 2　甜菜挖掘集条机作业质量要求

序号	项　目	质量指标	对应的检测方法条款号
1	损失率	≤4.0%	5.4.2.1
2	破碎率	≤2.0%	5.4.2.3
3	折断率	≤5.0%	5.4.2.2

表 3　甜菜捡拾机作业质量要求

序号	项　目	质量指标	对应的检测方法条款号
1	捡拾率	≥99.0%	5.4.3.1
2	折断率	≤5.0%	5.4.3.3
3	含杂率	≤8.0%	5.4.3.2

表 4　甜菜挖掘机作业质量要求

序号	项　目	质量指标	对应的检测方法条款号
1	损失率	≤5.0%	5.4.4.1
2	破碎率	≤2.0%	5.4.4.2
3	折断率	≤10.0%	5.4.4.3
4	含杂率	≤8.0%	5.4.4.4

表 5　甜菜联合收获机作业质量要求

序号	项　目	质量指标	对应的检测方法条款号
1	切顶合格率	≥85.0%	5.4.5.1
2	多切率	≤3.0%	5.4.5.2
3	损失率	≤5.0%	5.4.5.3
4	破碎率	≤2.0%	5.4.5.4
5	折断率	≤10.0%	5.4.5.5
6	含杂率	≤8.0%	5.4.5.6

5　检测方法

5.1　作业地块

作业地块应符合4.1的要求,测区宽度应不少于作业幅宽的8倍。

5.2　作业条件测定

作业前,按照GB/T 5262的规定对试验地面积、垄高、行距、土壤含水率等进行测定。

5.3　检测方法

在甜菜收获机械作业区内,随机抽取5个小区进行测试,每个小区长度不少于20 m,宽度为甜菜收获机械作业幅宽。

5.4　作业质量检测

5.4.1　甜菜割叶切顶机

5.4.1.1　切顶合格率

在各小区内测定机器作业后全部块根总数和切顶合格的块根数,按式(1)计算各小区切顶合格率,然后计算平均值。

$$K_h = \frac{Q_h}{Q} \times 100 \quad \cdots\cdots\cdots\cdots\cdots\cdots\cdots\cdots\cdots\cdots\cdots\cdots\cdots \quad (1)$$

式中:

K_h——切顶合格率,单位为百分率(%);

Q_h——切顶合格块根数,单位为个;

Q——块根总数,单位为个。

5.4.1.2 多切率

在各小区内测定机器切削到的全部块根总数和切顶多切的块根数,按式(2)计算各小区切顶多切率,然后计算平均值。

$$K_d = \frac{Q_d}{Q} \times 100 \quad \cdots\cdots\cdots\cdots\cdots\cdots\cdots\cdots\cdots\cdots\cdots\cdots\cdots \quad (2)$$

式中:

K_d——多切率,单位为百分率(%);

Q_d——切顶多切块根数,单位为个。

5.4.2 甜菜挖掘集条机

5.4.2.1 损失率

在各小区内分别收集漏挖、埋藏损失的块根,清除全部杂质,分别称其净质量,根据收获的块根质量和与其对应的小区面积,计算小区面积内收获的块根净质量。按式(3)计算各小区损失率,然后计算平均值。

$$K_s = \frac{W_l + W_m}{W_l + W_m + W_h} \times 100 \quad \cdots\cdots\cdots\cdots\cdots\cdots\cdots\cdots\cdots\cdots \quad (3)$$

式中:

K_s——损失率,单位为百分率(%);

W_l——漏挖块根质量,单位为千克(kg);

W_m——埋藏块根质量,单位为千克(kg);

W_h——小区面积内收获的块根净质量,单位为千克(kg)。

5.4.2.2 折断率

在各小区内将机器收获到的全部样品清除全部杂质,称出块根净质量,然后再从块根中拣出折断的块根称出质量。按式(4)计算各小区折断率,然后计算平均值。

$$K_t = \frac{W_t}{W_h} \times 100 \quad \cdots\cdots\cdots\cdots\cdots\cdots\cdots\cdots\cdots\cdots\cdots\cdots\cdots \quad (4)$$

式中:

K_t——折断率,单位为百分率(%);

W_t——折断的块根质量,单位为千克(kg)。

5.4.2.3 破碎率

在各小区内将机器收获到的全部样品清除全部杂质,称出块根净质量,然后再从块根中拣出破碎和断裂的块根称出质量。按式(5)计算各小区破碎率,然后计算平均值。

$$K_p = \frac{W_p}{W_h} \times 100 \quad \cdots\cdots\cdots\cdots\cdots\cdots\cdots\cdots\cdots\cdots\cdots\cdots\cdots \quad (5)$$

式中:

K_p——破碎率,单位为百分率(%);

W_p——破碎和断裂的块根质量,单位为千克(kg)。

5.4.3 甜菜捡拾机

5.4.3.1 捡拾率

在各小区内将机器收获捡拾到的全部样品清除全部杂质后称出质量;收集遗留在田间的全部块根,清除全部杂质后称出质量,按式(6)计算各小区捡拾率,然后计算平均值。

$$K_f = \frac{W_e}{W_e + W_f} \times 100 \quad \cdots\cdots (6)$$

式中:

K_f——捡拾率,单位为百分率(%);

W_f——遗留在田间的块根总质量,单位为千克(kg);

W_e——机器收获捡拾到的样品总质量,单位为千克(kg)。

5.4.3.2 含杂率

在各小区内将机器收获到的全部样品称出质量,清除全部杂质,称出杂质质量,按式(7)计算各小区含杂率,然后计算平均值。

$$K_z = \frac{W_z}{W_y} \times 100 \quad \cdots\cdots (7)$$

式中:

K_z——含杂率,单位为百分率(%);

W_z——杂质总质量,单位为千克(kg);

W_y——机器收获到的样品总质量,单位为千克(kg)。

5.4.3.3 折断率

捡拾机作业前取 20 m 长小区拣出已折断的块根,然后捡拾机开始作业。在各小区内将机器收获到的全部样品清除全部杂质,称出块根净质量,再从块根中拣出折断的块根称出质量。按式(8)计算各小区折断率,然后计算平均值。

$$K_j = \frac{W_a}{W_b} \times 100 \quad \cdots\cdots (8)$$

式中:

K_j——折断率,单位为百分率(%);

W_a——折断的块根质量,单位为千克(kg);

W_b——小区面积内收获的块根净质量,单位为千克(kg)。

5.4.4 甜菜挖掘机

5.4.4.1 损失率

在各小区内分别收集漏挖、埋藏、捡拾损失的块根,清除全部杂质,分别称其净质量,根据收获的块根质量和与其对应的小区面积,计算小区面积内收获的块根净质量。按式(9)计算各小区损失率,然后计算平均值。

$$K_r = \frac{W_l + W_m + W_j}{W_l + W_m + W_j + W_h} \times 100 \quad \cdots\cdots (9)$$

式中:

K_r——损失率,单位为百分率(%);

W_j——捡拾输送块根损失质量,单位为千克(kg)。

5.4.4.2 破碎率

按照 5.4.2.3 的规定测定。

5.4.4.3 折断率

在各小区内将机器收获到的全部样品清除全部杂质,称出块根净质量,然后再从块根中拣出折断的块根称出质量。按式(10)计算各小区折断率,然后计算平均值。

$$K_x = \frac{W_x}{W_g} \times 100 \quad \cdots\cdots\cdots\cdots\cdots\cdots\cdots\cdots\cdots\cdots\cdots\cdots\cdots\cdots\cdots\cdots \quad (10)$$

式中:

K_x——折断率,单位为百分率(%);

W_x——折断的块根质量,单位为千克(kg);

W_g——小区面积内收获的块根净质量,单位为千克(kg)。

5.4.4.4 含杂率

按照5.4.3.2的规定测定。

5.4.5 甜菜联合收获机

5.4.5.1 切顶合格率

按照5.4.1.1的规定测定。

5.4.5.2 多切率

按照5.4.1.2的规定测定。

5.4.5.3 损失率

按照5.4.4.1的规定测定。

5.4.5.4 破碎率

按照5.4.2.3的规定测定。

5.4.5.5 折断率

按照5.4.4.3的规定测定。

5.4.5.6 含杂率

按照5.4.3.2的规定测定。

6 评定规则

6.1 考核项目

根据甜菜收获机械种类按表6确定作业质量考核项目。

表6 作业质量考核项目表

序号	项目名称	考核项目				
		甜菜割叶切顶机	甜菜挖掘集条机	甜菜捡拾机	甜菜挖掘机	甜菜联合收获机
1	切顶合格率	√	—	—	—	√
2	损失率	—	√	—	√	√
3	捡拾率	—	—	√	—	—
4	破碎率	—	√	—	√	√
5	多切率	√	—	—	—	√
6	折断率	—	√	√	√	√
7	含杂率	—	—	√	√	√
注:表中符号"√"为考核项,"—"为不考核项。						

6.2 判定

对确定的考核项目逐项考核。所有项目全部合格,则甜菜收获机械作业质量为合格;否则,甜菜收获机械作业质量为不合格。

————————

ICS 65.060.40
B 91

中华人民共和国农业行业标准

NY/T 1550—2018
代替 NY/T 1550—2007

风送式喷雾机　质量评价技术规范

Technical specification of quality evaluation for air-assisted sprayers

2018-03-15 发布

2018-06-01 实施

中华人民共和国农业部 发布

前　言

本标准按照 GB/T 1.1—2009 给出的规则起草。

本标准代替 NY/T 1550—2007《风送高射程喷雾机》。与 NY/T 1550—2007 相比，主要变化如下：

——标准名称修改为《风送式喷雾机　质量评价技术规范》，扩大了标准适用范围；

——增加了质量评价所需的文件资料、主要技术参数核对与测量、试验条件、主要仪器设备章节；

——删除了型号标记章节；

——增加了雾化性能、稳定性、制动性能、电气安全性、照明信号装置以及阶梯和扶手、输液管、加油口、开关布置要求和三包凭证等项目的质量要求和相应的试验方法；

——删除了药液箱残留液量的要求；

——修改了可靠性评价方法；

——修改了抽样方案和不合格分类。

本标准由农业部农业机械化管理司提出。

本标准由全国农业机械标准化技术委员会农业机械化分技术委员会(SAC/TC 201/SC 2)归口。

本标准起草单位：农业部南京农业机械化研究所、南通广益机电有限责任公司、深圳隆瑞科技有限公司、台州信溢农业机械有限公司。

本标准主要起草人：赵晓萍、李良波、王小丽、崔业民、沈春华、陈建。

本标准所代替标准的历次版本发布情况为：

——NY/T 1550—2007。

风送式喷雾机　质量评价技术规范

1　范围

本标准规定了风送式喷雾机的基本要求、质量要求、检测方法和检验规则。

本标准适用于依靠风机产生的气流输送雾滴进行喷洒作业的悬挂式、牵引式、自走式、车载式、推车式和轨道式等型式的风送式喷雾机(以下简称喷雾机)的质量评定。

2　规范性引用文件

下列文件对于本文件的应用是必不可少的。凡是注日期的引用文件,仅注日期的版本适用于本文件。凡是不注日期的引用文件,其最新版本(包括所有的修改单)适用于本文件。

GB/T 2828.11—2008　计数抽样检验程序　第11部分:小总体声称质量水平的评定程序

GB/T 3871.6　农业拖拉机　试验规程　第6部分:农林车辆制动性能的确定

GB/T 4208　外壳防护等级(IP代码)

GB/T 9480　农林拖拉机和机械、草坪和园艺动力机械　使用说明书编写规则

GB 10395.1—2009　农林机械　安全　第1部分:总则

GB 10395.6　农林拖拉机和机械　安全技术要求　第6部分:植物保护机械

GB 10396　农林拖拉机和机械、草坪和园艺动力机械　安全标志和危险图形　总则

GB/T 18678　植物保护机械　农业喷雾机(器)　药液箱额定容量和加液孔直径

GB/T 23821　机械安全　防止上下肢触及危险区的安全距离

JB/T 5673　农林拖拉机及机具涂漆　通用技术条件

JB/T 6445　工业通风机叶轮超速试验

JB/T 9782　植物保护机械　通用试验方法

3　基本要求

3.1　质量评价所需的文件资料

对喷雾机进行质量评价所需文件资料应包括:

a)　产品规格确认表(见附录A),并加盖企业公章;

b)　企业产品执行标准或产品制造验收技术条件;

c)　产品使用说明书;

d)　三包凭证;

e)　样机照片3张(正前方左或右45°、正后方、侧面各1张);

f)　配套内燃机的工业产品生产许可证和配套柴油机的型式核准证书。

3.2　主要技术参数核对与测量

依据产品使用说明书、铭牌和企业提供的其他技术文件,对样机的主要技术参数按照表1的规定进行核对或测量。

表1　核测项目与方法

序号	项　目	方　法
1	型号名称	核对
2	结构型式	核对
3	外形尺寸	测量包容完整样机最小长方体的长、宽、高

表 1（续）

序号	项 目			方 法
4	工作压力			核对
5	配套动力[a]	名称		核对
		结构型式		核对
		标定功率/转速		核对
		工作电压		核对
6	发电机	型式		核对
		输出功率		核对
		输出电压		核对
7	液泵	结构型式		核对
		额定流量		核对
8	风机	结构型式		核对
		额定转速		核对
		叶轮直径		测量风机叶轮外径
		叶轮材质		核对
9	药箱	额定容量		测量（若药箱有刻度线的,加水至额定容量刻度线测量其容量;若无刻度线的,加水至药箱口,测量药箱总容量,总容量的 95％为额定容量）
		材质		核对
10	喷头	数量		核对
		规格型号		核对
11	自走式行走系	驾驶室型式		核对
		最小离地间隙		测量车架底盘最低点与地面间的距离
		轮式	驱动方式	核对
			前轮/后轮轮距	测量前轮/后轮两轮胎中心的距离
			轴距	测量前轮与后轮轴心的距离
			制动器型式	核对
		履带	节距	测量
			节数	核对
			宽度	测量

[a] 风机、液泵及行走系采用动力独立驱动的,应分别核对相应的配套动力。

3.3 试验条件

3.3.1 试验样机

应按照使用说明书的要求安装,并调整至正常工作状态。

3.3.2 试验用燃油、润滑油

应符合产品使用说明书的要求。

3.3.3 试验环境温度

应在 5℃～35℃范围内,风速不大于 0.5 m/s。

3.3.4 喷雾试验用介质

应为不含固体悬浮杂质的清水。

3.4 主要仪器设备

主要试验用仪器设备应经过计量检定或校准且在有效期内,仪器设备的测量范围和准确度应不低于表 2 的要求。

表 2　主要试验用仪器设备测量范围和准确度要求

序号	测量参数名称	测量范围	准确度要求
1	长度	0 m～30 m	1 级
2	时间	0 h～24 h	1 s/d
3	质量	0 kg～50 kg	Ⅲ级
4	压力	0 MPa～10 MPa	1.5 级
5	电阻	0 MΩ～500 MΩ	10 级
6	噪声	0 dB(A)～130 dB(A)	2 级

4 质量要求

4.1 性能要求

喷雾机性能指标应符合表 3 的规定。

表 3　性能指标要求

序号	项　目		性能指标	对应的检测方法条款号
1	喷雾水平射程（喷幅）		应不低于产品使用说明书明示的值	5.1.1
	喷雾垂直射程			
	喷幅半径			
2	喷雾量及喷雾量偏差		喷雾量偏差应在产品使用说明书明示喷量的±10%范围内	5.1.2
3	噪声 dB(A)	封闭驾驶室[a]	≤85	5.1.3
		无驾驶室（含简易驾驶室[b]）、牵引式、悬挂式和车载式	≤95	
		推车式和轨道式	≤92	
4	雾化性能	雾滴直径	应在产品使用说明书或相应标准规定的±20%范围内	5.1.4
		雾滴均匀性	雾滴谱分布系数≤1.05	

[a] 封闭驾驶室指将驾驶员完全包围起来的机器一部分，用于防止外部空气、灰尘和其他东西进入驾驶员空间。
[b] 简易驾驶室指一种为驾驶员挡风避雨的驾驶室。

4.2 安全要求

4.2.1 整机密封性

喷雾机在额定工作压力下正常工作时，各零部件和连接处应密封可靠，不得出现任何液体渗漏现象。

4.2.2 最高限定压力

喷雾机应设置限定最高压力的安全装置（如卸荷阀或限压阀）。从限压安全装置泄出的所有液体应排回药液箱或液泵进水口管路中。喷雾机最高工作压力低于 10 MPa 时，安全装置的限定压力应不超过最高工作压力的 1.2 倍；最高工作压力等于或高于 10 MPa 时，安全装置的限定压力应不超过最高工作压力的 1.1 倍。

4.2.3 储压容器耐压性能

喷雾系统中的储压容器（如液泵空气室）在额定工作压力上限的 2 倍压力下保持 1 min，不应出现渗漏、破裂等现象。

4.2.4 喷射部件和承压管路耐压性能

喷雾机的喷射部件和承压管路系统（含液泵出口至喷头的整个承压管路系统中的所有部件）在额定工作压力上限的 1.5 倍压力下保持 1 min，不应出现渗漏、破裂等现象。

4.2.5 安全防护装置

对操作者易产生伤害的危险部位(如外露旋转及传动部件、高温部件、带电零部件以及风机进风口等)应设有防护网罩,防护网罩的尺寸及安全距离应符合 GB/T 23821 的要求,防护网罩的强度应符合 GB 10395.1—2009 中 4.7 的要求。

4.2.6 稳定性

喷雾机在空载和满载(加入额定容量液体)状态下,分别以纵向(上、下坡)和横向(向左、向右)停放在 8.5°干硬坡道上,应保持稳定,且在满载时无任何液体渗漏。

4.2.7 制动性能

4.2.7.1 自走式喷雾机最大设计速度不大于 20 km/h 的喷雾机,在最高行驶速度条件下空载刹车距离不应超过 6 m;最大设计速度大于 20 km/h 的喷雾机,在最大设计速度下空载行车制动平均减速度应不小于 2.5 m/s²。药箱容积 1 500 L 以上的牵引式喷雾机应配置制动装置。

4.2.7.2 喷雾机在空载和满载状态下,在 20%(11.3°)的干硬坡道上,使用驻车制动装置应能沿上下坡方向可靠驻停。

4.2.8 电气安全性

4.2.8.1 喷雾机配用的电动机、电气控制系统防护等级应不低于 GB/T 4208 规定的 IP54。

4.2.8.2 配用交流 36 V、直流 50 V 以上电源的喷雾机,其结构设计应保证防止人身触及带电零部件。带电的电气元器件应具有良好的绝缘性能,并能有效地防止药液渗入。带电部件与易触及外壳之间的绝缘电阻应不小于 50 MΩ。

4.2.8.3 电源线中应有地线,电源线的截面积和配用插头应满足机具 125%满负荷的额定电流的要求。

4.2.9 阶梯和扶手

进入操作者工作位置的梯子和操作者工作台应符合 GB 10395.1—2009 中 4.5 的规定。

4.2.10 照明信号装置(适用于驾乘自走式喷雾机)

喷雾机应装有前照灯、前转向信号灯、制动灯和后位灯(或后反射装置),发光正常。带驾驶室的喷雾机应在左、右各设一面后视镜,不带驾驶室的至少设置一个后视镜。

4.2.11 输液管、加油口、开关布置要求

除清水外,不允许其他液体穿过驾驶室输送;未装驾驶室的,输液管路不允许紧靠操作者座位。操作者在正常操作位置处应能方便地切断通向喷头的液流。燃油箱加油口应位于驾驶室外,燃油箱加油口离地面或工作台的垂直高度应不大于 1 500 mm。

4.2.12 标志

4.2.12.1 对操作者有危险的部位,应有提示和避免危险的安全标志;在机具的明显部位应有警示操作者使用安全防护用具的安全标志。安全标志粘贴应牢固,样式应符合 GB 10396 的规定。

4.2.12.2 所有控制装置上或附近位置应有标志或标牌,其内容应反映出控制装置的基本特征。

4.2.12.3 承压软管上应有标明制造商名称和最大允许工作压力。

4.2.13 其他安全要求

应满足 GB 10395.6 的要求。

4.3 装配与外观质量

4.3.1 装配质量应符合下列要求:
   a) 各零部件连接应牢固可靠,无歪斜和松动等现象;
   b) 运动件转动灵活,结合平稳,不得有卡滞现象;
   c) 焊接件焊缝应平整光滑,不得有漏焊、裂纹、烧穿和焊渣等缺陷。

4.3.2 外观质量应符合下列要求：

a) 喷雾机外表应无尖角、锐边、粗糙的磨削面或多余的凸出部分；

b) 喷雾机外观应整洁，无油漆剥落、锈渍、划痕等现象，外表面油漆质量和涂层附着力应符合 JB/T 5673 的规定。

4.4 操作方便性

4.4.1 各操纵机构操作应方便、灵活。

4.4.2 调整、保养、清洗和更换零部件应方便容易。

4.4.3 在不需排尽药箱内药液的情况下应能拆卸液泵、过滤装置等部件。

4.5 可靠性

喷雾机的使用有效度应不小于 95%。

4.6 使用说明书

4.6.1 使用说明书应按 GB/T 9480 的规定编写，且至少应包括以下内容：

a) 产品主要技术参数（至少包括工作压力、喷雾量、射程/喷幅、配套动力功率/转速、整机净质量和外形尺寸等）；

b) 起动和停机步骤；

c) 压力调整及泄压的方法；

d) 维护和清洗要求；

e) 安全标志的说明；

f) 有关安全使用的要求（如操作安全注意事项、禁用工作液、农药处理等规定）；

g) 制造厂或供应商名称、地址、电话。

4.6.2 适用时还应包括：

a) 安装和校准方法；

b) 使用不同喷头时，喷雾机的调整方法；

c) 进行农药混合和药液灌注药液箱的方法；

d) 全部操纵机构的描述和功能，包括所使用标志符号的解释；

e) 驾驶员座椅位置调整以及与操纵机构形成符合人机工效学的关系；

f) 紧急出口的位置和打开方法；

g) 停机时保证稳定性的支撑装置的使用；

h) 机器维修和保养的一般要求以及特殊工具的使用方法；

i) 保养和维修期间，将机器部件保持在举升位置所用装置的使用；

j) 液压锁定系统所用软管更换的有关信息；

k) 附属部件的人工操作方法；

l) 牵引和举升机器正确方法的信息；

m) 与高架高压电线相关的危险，包括给出机器的最大工作高度，如果该高度超过 4 m；

n) 千斤顶的使用方法及使用位置；

o) 轮胎规格和充气压力；

p) 安全更换工作液体的说明；

q) 运输状态机具的布置；

r) 有冻结危险时机具的储存要求。

4.7 三包凭证

三包凭证至少应包括以下内容：

a) 产品型号、购买日期、产品编号；

b) 制造商名称、联系地址、电话、邮编;

c) 修理者名称、联系地址、电话、邮编;

d) 三包有效期(包括整机三包有效期,主要部件质量保证期以及易损件和其他零部件质量保证期,其中整机三包有效期和主要部件质量保证期不得少于一年);

e) 主要部件清单;

f) 销售记录(包括销售者、销售日期、购机发票号码);

g) 修理记录(包括送修时间、交货时间、送修故障、修理情况记录、退换货证明等);

h) 不承担三包责任的情况说明。

4.8 铭牌

在喷雾机明显位置应有永久性铭牌。铭牌应清晰,且至少应包括以下内容:

a) 产品名称、型号;

b) 主要技术参数(至少应有工作压力、整机净质量、外形尺寸等);

c) 产品执行标准;

d) 制造厂或供应商名称;

e) 生产日期和编号。

4.9 关键零部件质量要求

4.9.1 风机叶轮超转速试验

风机叶轮在最高工作转速的1.1倍转速下进行超转速试验,试验3次,每次5 min。试验后,叶轮各部位不得有裂纹、松动现象,变形量应符合JB/T 6445的有关规定。

4.9.2 药液箱

4.9.2.1 药液箱应坚固耐用,药箱盖应联接牢固、密封可靠。在盛放额定容量的药液正常工作和行驶过程中,不应有药液外溢。

4.9.2.2 药液箱的总容量应至少比额定容量大5%。操作者加液时,应能看见药液箱内液位位置和指示刻度值。指示刻度值误差应不超过±5%,指示刻度标记间的容量值应符合GB/T 18678的规定。

4.9.2.3 除配有自动加液装置外,为避免加液时药液溅出,加液口的直径应符合GB/T 18678的规定。

4.9.2.4 药液箱应设有排放装置,并能在不使用工具和不污染操作者的情况下方便、安全地排空药液。

4.9.2.5 容量100 L以上(含100 L)的药液箱内应设有搅拌装置,确保喷雾过程中药箱内药液能充分搅拌。采用在线混药系统(或用药剂在线注入系统)的喷雾机除外。

4.9.3 压力表

喷雾机应安装压力表(压力计)以显示相应的工作压力。压力表安装位置应合理,应保证操作人员从工作位置能看清压力表读数,并在发生药液泄漏时不对操作者造成危害。

4.9.4 过滤装置

喷雾机应设置两级或两级以上过滤装置,过滤网不应有缺损,网孔应通畅。加液口网孔尺寸应不大于1.0 mm。末级网孔尺寸不大于最小喷孔直径的75%。

5 检测方法

5.1 性能试验

5.1.1 喷雾水平射程(喷幅)/喷雾垂直射程、喷幅半径的测定

5.1.1.1 沿气流风筒轴向喷雾时,测定喷雾水平或垂直射程;沿圆周方向径向喷雾时,测定喷雾喷幅半径。

5.1.1.2 试验场地应选择空旷平地。沿喷雾机喷射方向左右两侧20 m内不应有高大障碍物,在测定

的射程/喷幅范围内无遮挡物。试验在静风状态下(风速不大于 0.5 m/s)进行。

5.1.1.3 测定喷雾水平射程时,喷雾机喷射部件处于水平状态。在预估的水平射程左右,沿雾流中心轴线以每 0.5 m 分段,每段放置纸卡(50 mm×20 mm 水敏纸),纸卡与雾流有效接触时间为 5 s。计数每平方厘米雾滴数达 25 滴的纸卡所对应的边界位置与风机出口间的距离为喷雾水平射程。重复 3 次,取其平均值。

5.1.1.4 测定喷雾垂直射程时,喷雾机在正常工作位置将喷射部件调整至最高喷雾射程状态。在预估的垂直射程范围上下,借助垂直竖立的固定标杆或建筑物,沿雾流中心轴线以每 0.5 m 分段,每段放置纸卡(50 mm×20 mm 格纸水敏纸),纸卡与雾流有效接触时间为 5 s,计数确定每平方厘米雾滴数达 25 滴的纸卡所对应的边界位置与地面的垂直高度为垂直射程。重复 3 次,取其平均值。

5.1.1.5 对径向喷雾方式的喷雾机,沿风机轴心左右两侧水平喷射方向,每平方厘米雾滴数达 25 滴的边界位置距轴心间的距离为喷幅半径。重复 3 次,取其平均值。左右两侧喷幅半径不同时,取较小一侧的值。

5.1.2 喷雾量的测定

将合适孔径的胶管套紧在喷头上,喷雾机在正常工作状态下喷雾,收集所有喷头喷出的雾液,喷雾时间为 1 min～3 min。试验重复 3 次,计算单位时间喷雾机的平均喷雾量,并按式(1)计算喷雾量偏差。

$$\Delta = \frac{q_1 - q_0}{q_0} \times 100 \quad\cdots\cdots\cdots\cdots\cdots\cdots\cdots\cdots\cdots\cdots \text{(1)}$$

式中:

Δ ——喷雾量偏差,单位为百分率(%);

q_0 ——使用说明书或其他技术文件明示的喷雾量,单位为升每分钟(L/min);

q_1 ——实际测定的喷雾量,单位为升每分钟(L/min)。

5.1.3 噪声测定

5.1.3.1 试验应在空旷场地进行,在半径至少 20 m 的范围内无高大反射物体。喷雾机在额定工况下喷雾。

5.1.3.2 对自走式喷雾机和推车式喷雾机,传声器置于距操作者头部中央平面(20±2)cm 的声压级较大一侧,并与眼睛在同一直线上。带封闭驾驶室的,车窗为全闭状态。车载式喷雾机,按其使用状态置于运输车辆上,车窗全开。

5.1.3.3 对悬挂式喷雾机和牵引式喷雾机,按 GB 10395.1—2009 中附录 B 的 B.2.6 确定传声器的位置。

5.1.3.4 对轨道式喷雾机,传声器位于沿风机轴线距喷雾机风机进风口中心点(10±0.05)m,距地面垂直距离(1.6±0.05)m 处。

5.1.3.5 其他型式的喷雾机,根据其使用状态,选择上述适用的传声器测定位置。

5.1.3.6 测量时,声级计应调到 A 计权慢挡,观测至少应达到 5 s 或直至获得稳定的读数。测量 3 次,取其最大值。

5.1.4 雾化性能测定

喷头在规定的压力下喷雾,按 JB/T 9782 规定的方法测定雾滴直径(D_{V50})及雾滴谱,并按式(2)计算雾滴谱分布系数。

$$\delta = \frac{D_{V90} - D_{V10}}{D_{V50}} \times 100 \quad\cdots\cdots\cdots\cdots\cdots\cdots\cdots\cdots \text{(2)}$$

式中:

δ ——雾滴谱分布系数,单位为百分率(%);

D_{V50} ——体积累计百分数为 50% 所对应的雾滴直径值,单位为微米(μm);

D_{V10}——体积累计百分数为 10% 所对应的雾滴直径值,单位为微米(μm);

D_{V90}——体积累计百分数为 90% 所对应的雾滴直径值,单位为微米(μm)。

5.2 安全要求检查

5.2.1 整机密封性能检查

将喷雾机安装成使用状态,药箱内加入清水,按使用说明书规定操作样机,在额定工况工作 3 min 以上。检查各零件及连接处是否密封可靠。

5.2.2 最高限定压力测定

喷雾机在整机密封性试验状态,在额定转速及最高工作压力下,关闭截止阀或喷射部件,记录承压管路中的压力。

5.2.3 储压容器耐压性能试验

将储压容器连接到耐压试验台上,缓慢调节压力至额定工作压力上限的 2 倍,稳压 1 min,检查储压容器是否有破裂、渗漏。

5.2.4 喷射部件和承压管路耐压性能试验

将喷射部件末端喷头的喷孔堵塞,喷射部件前端的喷雾软管连接到耐压试验台上,缓慢调节压力至额定工作压力上限的 1.5 倍,保持 1 min,检查喷射部件是否有破裂、渗漏。

5.2.5 安全防护装置的检查

防滑网罩的尺寸和安全距离按 GB/T 23821 的规定检查,强度按 GB 10395.1—2009 附录 C 或等效的试验方法进行测试。

5.2.6 稳定性检查

按 4.2.6 的要求进行检查。

5.2.7 制动性能试验

行车制动和驻车制动按 GB/T 3871.6 规定的冷态试验方法进行测定。

5.2.8 电气安全性检查

5.2.8.1 查看电机铭牌或技术资料,核查电机的防护等级。

5.2.8.2 用绝缘电阻表,测量带电部件与易接触的金属外壳间的绝缘电阻。

5.2.8.3 查看电源插头和电源线标识和接线,检查相应要求的符合性。

5.2.9 阶梯和扶手的要求检查

按 GB 10395.1—2009 中 4.5 检查进入操作者工作位置的梯子和操作者工作台。

5.2.10 照明信号装置的检查

按 4.2.10 的要求进行检查。

5.2.11 输液管、加油口、开关布置要求

按 4.2.11 的要求进行检查。

5.2.12 标志的检查

按 4.2.12 的要求进行检查。

5.2.13 其他安全要求

按 GB 10395.6 的要求进行检查。

5.3 装配与外观质量检查

按 4.3 的要求逐项进行检查。

5.4 操作方便性检查

按 4.4 的要求逐项进行检查。

5.5 可靠性

喷雾机在额定工况下运转,用清水或满足农业生产防治要求稀释后的农药液剂作为试验介质,累计运转100 h(其中,对自走式喷雾机田间行走作业时间不应少于18 h)。记录作业时间、调整保养时间、样机故障情况及排除时间。查定过程中不应出现致命故障、严重故障。故障分类见表4。按式(3)计算试验样机的使用有效度。

$$K = \frac{\sum\limits_{i=1}^{n} t_{zi}}{\sum\limits_{i=1}^{n} t_{zi} + \sum\limits_{i=1}^{n} t_{gi}} \times 100 \quad\cdots\cdots\cdots\cdots\cdots\cdots\cdots\cdots (3)$$

式中:

K ——使用有效度,单位为百分率(%);

n ——试验台数;

t_{zi} ——第i台样机各班次纯作业时间,单位为小时(h);

t_{gi} ——第i台样机各班次累计故障修复时间,单位为小时(h)。

表4 故障分级

故障级别代号	故障名称	故障基本特征	故障例举
Ⅰ	致命故障	危及或导致作业人身伤亡;引起重要总成报废,导致功能完全丧失的故障	漏电或主机架断裂造成人身伤亡
Ⅱ	严重故障	严重影响产品功能、不能正常作业、修理费用高或需专业人员维修的故障	风机、液泵、配套动力或主机架等发生严重故障,无法通过简单调试解决,需更换部件
Ⅲ	一般故障	轻度影响产品功能,修理费用低廉,在较短的时间内可以排除的故障。即能用常用工具轻易排除的故障以及需要更换或修理次要的外部零件的故障	紧固后可以排除的轻微渗漏、螺栓松动,更换易损件、次要的外部紧固件以及价格低廉的密封件、电线脱焊等

5.6 使用说明书检查
审查说明书是否符合4.6的规定。

5.7 三包凭证检查
审查三包凭证是否符合4.7的规定。

5.8 铭牌检查
按4.8的要求逐项分别检查铭牌、安全标志、控制装置标志和承压软管标志是否符合规定。

5.9 关键零部件质量要求检查
5.9.1 风机叶轮超转速试验
风机叶轮超转速试验按JB/T 6445的规定执行。

5.9.2 药液箱检查
按4.9.2的要求逐项进行检查。

5.9.3 压力表检查
按4.9.3的要求进行检查。

5.9.4 过滤装置检查
按4.9.4的要求进行检查。

6 检验规则

6.1 检验项目及不合格分类
检验项目按其对产品质量影响程度分为A、B两类。不合格项目分类见表5。

表 5 检验项目及不合格分类表

项目分类	序号	项目名称	自走式	牵引式悬挂式	车载式推车式轨道式	对应条款
A	1	整机密封性	√	√	√	4.2.1
	2	最高限定压力	√	√	√	4.2.2
	3	储压容器耐压性能	√	√	√	4.2.3
	4	喷射部件和承压管路耐压性能	√	√	√	4.2.4
	5	安全防护装置	√	√	√	4.2.5
	6	稳定性	√	√	—	4.2.6
	7	制动性能	√	√	—	4.2.7
	8	电气安全性	√	√	√	4.2.8
	9	阶梯和扶手	√	√	—	4.2.9
	10	照明信号装置	√	—	—	4.2.10
	11	输液管、加油口、开关布置要求	√	√	—	4.2.11
	12	标志	√	√	√	4.2.12
	13	其他安全要求	√	√	√	4.2.13
	14	噪声	√	√	√	4.1
	15	可靠性	√	√	√	4.5
B	1	喷雾水平射程	√	√	√	4.1
		喷雾垂直射程	√	√	√	4.1
		喷幅半径	√	√	√	4.1
	2	喷雾量	√	√	√	4.1
	3	雾化性能	√	√	√	4.1
	4	装配与外观质量	√	√	√	4.3
	5	操作方便性	√	√	√	4.4
	6	使用说明书	√	√	√	4.6
	7	三包凭证	√	√	√	4.7
	8	铭牌和标志	√	√	√	4.8
	9	风机叶轮超转速试验	√	√	√	4.9.1
	10	药液箱	√	√	√	4.9.2
	11	压力表	√	√	√	4.9.3
	12	过滤装置	√	√	√	4.9.4

6.2 抽样方案

6.2.1 抽样方案按照 GB/T 2828.11—2008 附录 B 表 B.1 的要求制订,见表 6。

表 6 抽样方案

检验水平	O
声称质量水平(DQL)	1
核查总体(N)	10
样本量(n)	1
不合格品限定数(L)	0

6.2.2 采用随机抽样,在生产企业 12 个月内生产的合格品中随机抽取 1 台样机,抽样基数应不少于 10 台。在企业生产现场待包装的产品中或销售部门或用户中抽样不受此限。

6.3 评定规则

6.3.1 样品合格判定

对样本中 A、B 各类检验项目逐项考核和判定,当 A 类不合格项目数为 0(即 A=0)、B 类不合格项目数不超过 2(即 B≤2)时,判定样品为合格品;否则,判定样品为不合格品。

6.3.2 综合判定

若样品为合格品（即样品的不合格项目数不大于不合格品限定数），则判通过；若样品为不合格品（即样品的不合格项目数大于不合格品限定数），则判不通过。

附　录　A
（规范性附录）
产品规格确认表

产品规格确认表见表 A.1。

表 A.1　产品规格确认表

序号	项 目			设计值
1	型号名称			
2	结构型式			
3	外形尺寸			
4	工作压力			
5	配套动力ª	名称		
		结构型式		
		标定功率/转速		
		工作电压		
6	发电机组	型式		
		输出功率		
		输出电压		
7	液泵	结构型式		
		额定流量		
8	风机	额定转速		
		叶轮直径		
		叶轮材质		
9	药箱	额定容量		
		材质		
10	喷头	数量		
		规格型号		
11	自走式行走系	最小离地间隙		
		轮式	驱动方式	
			前轮/后轮轮距	
			轴距	
			制动器型式	
		履带	节距	
			节数	
			宽度	
ª　风机、液泵及行走系统采用动力独立驱动的,应分别填写相应的配套动力。				

ICS 65.060.50
B 91

中华人民共和国农业行业标准

NY/T 1645—2018
代替 NY/T 1645—2008

谷物联合收割机适用性评价方法

The evaluation method of suitability for corn combine harvester

2018-12-19 发布

2019-06-01 实施

中华人民共和国农业农村部 发布

前　言

本标准按照 GB/T 1.1—2009 给出的规则起草。

本标准代替 NY/T 1645—2008《谷物联合收割机适用性评价方法》。与 NY/T 1645—2008 相比，除编辑性修改外主要技术变化如下：

——修改了规范性引用文件中部分引用标准；

——修改了术语和定义的内容；

——重新确定了主要影响因素及水平；

——修改了评价方法、评价指标及计算方法、评价规则及附录。

本标准由农业农村部农业机械化管理司提出。

本标准由全国农业机械标准化技术委员会农业机械化分技术委员会(SAC/TC 201/SC 2)归口。

本标准起草单位：山西省农业机械质量监督管理站、农业农村部农业机械试验鉴定总站、河南省农业机械试验鉴定站、江苏沃得农业机械有限公司。

本标准主要起草人：吴庆波、李晓飞、王芳、杨茜、赵玉成、周航捷、李彬、邢立成、乔建伟、李永涛。

本标准所代替标准的历次版本发布情况为：

——NY/T 1645—2008。

谷物联合收割机适用性评价方法

1 范围

本标准规定了谷物联合收割机(以下简称收割机)适用性的术语和定义、评价指标及权重、评价条件、评价方法、评价规则及评价结论。

本标准适用于水稻、小麦收割机的适用性评价。

2 规范性引用文件

下列文件对于本文件的应用是必不可少的。凡是注日期的引用文件,仅注日期的版本适用于本文件。凡是不注日期的引用文件,其最新版本(包括所有的修改单)适用于本文件。

GB/T 5262　农业机械试验条件　测定方法的一般规定

GB/T 8097　收获机械　联合收割机　试验方法

NY/T 498　水稻联合收割机　作业质量

NY/T 995　谷物(小麦)联合收获机械　作业质量

NY/T 2846—2015　农业机械适用性评价通则

3 术语和定义

NY/T 2846—2015 界定的术语和定义适用于本文件。

4 评价指标及权重

收割机适用性评价指标及权重见表1。

表 1　收割机适用性评价指标及权重

序号	评价指标	权重
1	损失率	0.7
2	破碎率	0.2
3	含杂率	0.1

5 评价条件

根据产品明示适用区域的作物种类(早稻、中稻、南方晚稻、北方晚稻、冬小麦、春小麦)和表2对应的评价条件,对收割机进行适用性评价。

表 2　收割机的适用性评价条件

序号	全喂入收割机		半喂入收割机	
	籽粒含水率,%	喂入量,kg/s	籽粒含水率,%	发动机工作转速,r/min
1	小麦:10~17	$0.8Q^a$~Q	小麦:12~18	n^b~$1.05n$
		Q~$1.2Q$		$0.95n$~n
2	小麦:17~25	$0.8Q$~Q	小麦:18~25	n~$1.05n$
		Q~$1.2Q$		$0.95n$~n
3	水稻:15~22	$0.75Q$~Q	水稻:15~22	n~$1.05n$
		Q~$1.25Q$		$0.95n$~n

表2（续）

序号	全喂入收割机		半喂入收割机	
	籽粒含水率,%	喂入量,kg/s	籽粒含水率,%	发动机工作转速,r/min
4	水稻:22~30	$0.75Q\sim Q$	水稻:22~30	$n\sim1.05n$
		$Q\sim1.25Q$		$0.95n\sim n$

注:文件中涉及的籽粒含水率2个水平的接壤点数据统一划归蜡熟期至完熟期相对应的水平段;喂入量(工作量)2个水平的接壤点数据统一划归大负荷相对应的水平段。

a Q 代表全喂入联合收割机的额定喂入量;

b n 代表半喂入联合收割机田间工作全油门状态下发动机的额定工作转速。

6 评价方法

6.1 基本要求

6.1.1 参加适用性评价的收割机样机应状态完好,试验或跟踪前应按使用说明书要求将样机调整至正常作业状态。

6.1.2 参加适用性评价的收割机应为主要结构参数一致的同型号机器,适用性评价前参照附录 A 对样机的主要规格参数(性能参数除外)进行核对与测量。

6.1.3 委托方需提供产品使用说明书、明示执行标准等相关技术文件。

6.1.4 收割机适用性评价过程中,籽粒含水率、自然高度、穗幅差、自然落粒、产量等作物条件的测定方法按照 GB/T 5262 的规定执行,籽粒含水率以外的主要作物条件应符合 NY/T 498、NY/T 995 规定的范围。

6.1.5 收割机适用性区域一般可划分为南方水稻区域、稻麦兼种区域、小麦种植区域和北方水稻区域。

6.1.6 用于试验、跟踪及用户调查的测评点在企业明示的适用作物种类对应区域范围内选定,测评点的作物条件应具有一定的代表性,测评应涵盖收割机所有适用作物种类及籽粒含水率、喂入量(工作量)影响因素的不同水平。

6.2 评价方法的种类及选用原则

6.2.1 评价方法的种类

评价方法的种类分为试验测评法、跟踪测评法、调查测评法和综合测评法。

6.2.2 评价方法的选用原则

对于新技术、新产品或者新涉及的适用区域,应优先采用试验测评法进行评价;对于技术相对成熟、在适用区域拥有用户量大的产品,推荐采用调查测评法进行评价;其他情况推荐采用跟踪测评法进行评价。在条件满足的情况下,也可以选择综合测评法对收割机进行评价。

6.3 试验测评法

6.3.1 试验样机在企业近一年内生产的合格品中随机抽取 1 台,抽样基数不少于 5 台。

6.3.2 根据产品明示的适用区域内作物种类、籽粒含水率及喂入量(工作量)范围,选择表2对应的评价条件,依据 GB/T 8097 的相关规定,在每种评价条件下对样机分别进行 2 个行程的试验测评,损失率、破碎率、含杂率等试验结果取 2 个行程的平均值。试验测评数据的记录处理及汇总表参见附录 B。

6.4 跟踪测评法

6.4.1 跟踪样机在产品适用区域内不少于 10 个用户中随机确定 2 台,样机使用应不超过一个作业季节。

6.4.2 根据产品明示的适用区域内作物种类、籽粒含水率及喂入量(工作量)范围,选择表2对应的评价条件,每种评价条件选用 2 台样机分别进行不少于 20 min 的跟踪测评,损失率、破碎率、含杂率等测评结果取 2 台样机的平均值。样本地块测评点位置确定及测评方法按照 NY/T 498、NY/T 995 的相关规定进行,每种评价条件跟踪测评数据记录处理及汇总表参见附录 C。

6.5 调查测评法

6.5.1 调查用户应在使用收割机满一个作业季节的用户中随机抽取。每种评价条件至少抽取 5 户进行调查,抽样基数不少于 15 户。

6.5.2 调查可采用实地走访、信函调查、电话调查等方式之一或组合形式进行。

6.5.3 用户根据实际收获作物种类,对收割机在每种评价条件下损失率、破碎率和含杂率等作业质量的实际表现分"优、良、中、较差、差"五级进行评价。调查测评的记录及汇总表参见附录 D。每种作物对应的一个评价条件只允许进行一个级别的评价,否则为无效评价。出现无效评价时,应按前款原则重新确定符合条件的用户进行补充调查。

6.6 综合测评法

根据产品明示的适用区域内作物种类、籽粒含水率及喂入量(工作量)范围,在条件满足的情况下,选择试验测评法、跟踪测评法、调查测评法中 2 种或 3 种方法对收割机进行评价。每种评价条件选择一种测评方法对收割机的适用性进行测评。

7 评价规则及评价结论

7.1 评价规则

7.1.1 试验测评、跟踪测评结果与适用度的对应关系见表 3;调查测评结果的"优、良、中、较差、差"分别对应表 3 中的适用度"5、4、3、2、1"进行赋值,每种作物某一个评价条件的调查测评结果取对应调查用户给出适用度的平均值。

表 3　试验测评、跟踪测评结果与适用度的对应关系

损失率	破碎率	含杂率	适用度
$S\leqslant0.70A$	$P\leqslant0.70B$	$Z\leqslant0.70C$	5
$0.70A<S\leqslant0.85A$	$0.70B<P\leqslant0.85B$	$0.70C<Z\leqslant0.85C$	4
$0.85A<S\leqslant A$	$0.85B<P\leqslant B$	$0.85C<Z\leqslant C$	3
$A<S\leqslant1.15A$	$B<P\leqslant1.15B$	$C<Z\leqslant1.15C$	2
$S>1.15A$	$P>1.15B$	$Z>1.15C$	1
注1:S、P、Z 分别代表收割机试验测评法中实测的损失率、破碎率、含杂率。			
注2:A、B、C 分别代表 NY/T 498、NY/T 995 标准中的损失率、破碎率、含杂率性能指标。			

7.1.2 试验测评、跟踪测评收割机对第 i 种作物第 j 种评价条件的适用度按式(1)计算。

$$E_{ij}=0.7E_s+0.2E_p+0.1E_z \cdots\cdots(1)$$

式中:

E_{ij}——收割机对第 i 种作物第 j 种评价条件的适用度;

E_s——损失率评价指标的适用度;

E_p——破碎率评价指标的适用度;

E_z——含杂率评价指标的适用度。

7.1.3 收割机对第 i 种作物的适用度按式(2)计算。

$$E_i=\frac{1}{k}\sum_{j=1}^{k}E_{ij} \cdots\cdots(2)$$

式中:

E_i——收割机对第 i 种作物的适用度;

k——收割机对第 i 种作物评价涉及评价条件的数量,单位为个。

7.1.4 收割机适用度按式(3)计算。

$$E = \frac{1}{m}\sum_{i=1}^{m} E_i \quad\text{……………………………………（3）}$$

式中：

E ——收割机适用度；

m ——评价涉及作物种类的数量,单位为个。

7.2 评价结论

7.2.1 适用度与评价结果的对应关系见表4。

表4 适用度与评价结果对应关系

适用度（E）	$E<3$	$3\leqslant E\leqslant 4$	$E>4$
评价结果	不适用	基本适用	适用

7.2.2 评价结论的描述应包含评价区域、评价因素及水平、评价方法、综合评价结论以及不适用的情况说明。

附　录　A
（资料性附录）
产　品　规　格　表

产品规格表见表 A.1。

表 A.1　产品规格表

序号	项目			单位	设计值
1	型号名称			/	
2	结构型式			/	
3	配套发动机	生产企业		/	
		牌号型号		/	
		标定功率		kW	
		标定转速		r/min	
4	工作状态外形尺寸(长×宽×高)			mm	× ×
5	割台宽度			mm	
6	工作行数(半喂入)			行	
7	喂入量			kg/s	
8	作业效率(半喂入)			hm²/h	
9	割刀型式			/	
10	拨禾轮	型式		/	
		拨禾轮板数		个	
11	脱粒机构布置方式(全喂入)			/	
12	脱粒滚筒	数量		个	
		型式	主滚筒	/	
			副滚筒	/	
		尺寸 (外径×长度)	主滚筒	mm	
			副滚筒		
13	复脱器型式			/	
14	履带	节距×节数×宽		/	mm× 节× mm
		轨距		mm	
	轮胎规格	导向轮		/	
		驱动轮		/	
	轮距	导向轮		mm	
		驱动轮		mm	
15	驾驶室类型			/	
16	变速箱型式			/	
17	制动器型式			/	
18	驱动桥型式			/	
19	茎秆切碎器型式			/	
20	卸粮方式			/	

企业负责人：　　　　　　　　　　　　　　　　　　　　　　　　　　　　　　日期：

附 录 B
（资料性附录）
试验测评法记录

B.1 试验测评数据记录表

见表 B.1。

表 B.1 试验测评数据记录表

产品型号名称：　　　　　　　　　　　　　样机编号：　　　　　　　　　　试验地点：
试验日期：　　　　　　　　　　　　　　　作物种类/品种：　　　　　　发动机额定工作转速：　　r/min

作物条件	1	2	3	4	5	平均值
籽粒含水率,%						
自然落粒,g/m²						
自然高度,mm						
穗幅差,mm						
作业行程,m	第一行程			第二行程		
测区长度,m						
通过时间,s						
发动机工作转速,r/min						
实际割幅,m						
清选口排出物,kg						
出草口排出物,kg						
出粮口排出物,kg						
草谷比						
喂入量,kg/s						
总籽粒重,g						
未脱净损失,g						
未脱净损失率,%						
清选分离损失,g						
清选分离损失率,%						
0.5m×实际割幅割台损失[a],g						
	平均值：			平均值：		
割台损失率,%						
出粮口样品,g	1 000	1 000	1 000	1 000	1 000	1 000
样品中杂质含量,g						
含杂率,%						
	平均值：			平均值：		
籽粒小样[b],g	100	100	100	100	100	100
小样中破碎籽粒质量,g						
破碎率,%						
	平均值：			平均值：		
损失率,%						

[a] 割台损失计算时应减去相应作业面积内的自然落粒数值。
[b] 籽粒小样从出粮口样品进行杂质处理后取得。

检测人：　　　　　　　　　　　　　　　　　　　　　　　　　　　记录人：

B.2 试验测评数据汇总表

见表 B.2。

表 B.2 试验测评数据汇总表

产品型号名称： 样机编号：

序号	评价条件	试验结果			
		损失率/适用度	破碎率/适用度	含杂率/适用度	处理结果
1	物料种类:小麦 籽粒含水率:10%~17%(全喂入) □ 　　　　　12%~18%(半喂入) □ 喂入量:0.8Q~Q(全喂入) □ 发动机工作转速:n~1.05n(半喂入) □				
2	物料种类:小麦 籽粒含水率:10%~17%(全喂入) □ 　　　　　12%~18%(半喂入) □ 喂入量:Q~1.2Q(全喂入) □ 发动机工作转速:0.95n~n(半喂入) □				
3	物料种类:小麦 籽粒含水率:17%~25%(全喂入) □ 　　　　　18%~25%(半喂入) □ 喂入量:0.8Q~Q(全喂入) □ 发动机工作转速:n~1.05n(半喂入) □				
4	物料种类:小麦 籽粒含水率:17%~25%(全喂入) □ 　　　　　18%~25%(半喂入) □ 喂入量:Q~1.2Q(全喂入) □ 发动机工作转速:0.95n~n(半喂入) □				
5	物料种类:水稻 籽粒含水率:15%~22% 喂入量:0.75Q~Q(全喂入) □ 发动机工作转速:n~1.05n(半喂入) □				
6	物料种类:水稻 籽粒含水率:15%~22% 喂入量:Q~1.25Q(全喂入) □ 发动机工作转速:0.95n~n(半喂入) □				
7	物料种类:水稻 籽粒含水率:22%~30% 喂入量:0.75Q~Q(全喂入) □ 发动机工作转速:n~1.05n(半喂入) □				
8	物料种类:水稻 籽粒含水率:22%~30% 喂入量:Q~1.25Q(全喂入) □ 发动机工作转速:0.95n~n(半喂入) □				
注 1:Q 为全喂入收割机的额定喂入量,kg/s;n 为半喂入收割机田间工作全油门状态下发动机的额定工作转速, 　　r/min。 注 2:发动机工作转速是指半喂入收割机配备转速表在实际工作中所显示的发动机转速,r/min。					

汇总人： 汇总日期：

附 录 C

（资料性附录）

跟踪测评法记录

C.1 跟踪测评数据记录表

见表C.1。

表 C.1 跟踪测评数据记录表

产品型号名称：　　　　　　　　　　发动机额定工作转速：　r/min　　　　　　作物种类/品种：

样机编号												
跟踪地点												
跟踪时间	年　　月　　日						年　　月　　日					
						min						min
作物条件	1	2	3	4	5	平均值	1	2	3	4	5	平均值
籽粒含水率,%												
作物产量,g/m²												
自然落粒,g/m²												
自然高度,mm												
穗幅差,mm												
作业条件	工作喂入量（全喂入）：　　　　　kg/s						工作喂入量（全喂入）：　　　　　kg/s					
	发动机工作转速（半喂入）：　　r/min						发动机工作转速（半喂入）：　　r/min					
跟踪结果	1	2	3	4	5	平均值	1	2	3	4	5	平均值
损失籽粒,g/m²												
出粮口样品,g												
样品中杂质质量,g												
含杂率,%												
籽粒小样,g												
小样中破碎籽粒质量,g												
破碎率,%												
损失率,%												

注1：工作喂入量按收割机实际作业速度、草谷比和作物产量进行折算,kg/s。

注2：发动机工作转速是指半喂入收割机配备转速表在实际工作中所显示的发动机转速,r/min。

跟踪人：　　　　　　　　　　　　　　　　　　　　　　　　　　　　　　记录人：

C.2 跟踪测评数据汇总表

见表C.2。

表 C.2 跟踪测评数据汇总表

产品型号名称：

序号	评价条件		跟踪结果			处理结果
			损失率/适用度	破碎率/适用度	含杂率/适用度	
1	物料种类:小麦					
	籽粒含水率:10%～17%（全喂入）	□				
	12%～18%（半喂入）	□				
	喂入量:0.8Q～Q（全喂入）	□				
	发动机工作转速:n～1.05n（半喂入）	□				

表 C.2（续）

序号	评价条件		跟踪结果			
			损失率/适用度	破碎率/适用度	含杂率/适用度	处理结果
2	物料种类:小麦 籽粒含水率:10%～17%(全喂入) □ 　　　　　12%～18%(半喂入) □ 喂入量:Q～1.2Q(全喂入) □ 发动机工作转速:0.95n～n(半喂入) □					
3	物料种类:小麦 籽粒含水率:17%～25%(全喂入) □ 　　　　　18%～25%(半喂入) □ 喂入量:0.8Q～Q(全喂入) □ 发动机工作转速:n～1.05n(半喂入) □					
4	物料种类:小麦 籽粒含水率:17%～25%(全喂入) □ 　　　　　18%～25%(半喂入) □ 喂入量:Q～1.2Q(全喂入) □ 发动机工作转速:0.95n～n(半喂入) □					
5	物料种类:水稻 籽粒含水率:15%～22% 喂入量:0.75Q～Q(全喂入) □ 发动机工作转速:n～1.05n(半喂入) □					
6	物料种类:水稻 籽粒含水率:15%～22% 喂入量:Q～1.25Q(全喂入) □ 发动机工作转速:0.95n～n(半喂入) □					
7	物料种类:水稻 籽粒含水率:22%～30% 喂入量:0.75Q～Q(全喂入) □ 发动机工作转速:n～1.05n(半喂入) □					
8	物料种类:水稻 籽粒含水率:22%～30% 喂入量:Q～1.25Q(全喂入) □ 发动机工作转速:0.95n～n(半喂入) □					

注 1:Q 为全喂入收割机的额定喂入量,kg/s;n 为半喂入收割机田间工作全油门状态下发动机的额定工作转速,r/min。

注 2:发动机工作转速是指半喂入收割机配备转速表在实际工作中所显示的发动机转速,r/min。

汇总人: 　　　　　　　　　　　　　　　　　　　　　　　　汇总日期:

<h2>附　录　D</h2>
（资料性附录）
<h3>调查测评法记录</h3>

<h3>D.1　调查测评记录表</h3>

见表 D.1。

表 D.1　调查测评记录表

用户信息	姓名		年龄			文化程度	
	地址					联系电话	
产品信息	出厂编号/日期		型号名称			购机地点	
	发动机厂家		标定功率			购机时间	
使用情况	总作业时间					总作业量	
作物种类	评价条件		适用性评价[a]				
冬小麦	完熟期至枯熟期	小喂入量（工作量）	优□　良□　中□　较差□　差□				
		大喂入量（工作量）	优□　良□　中□　较差□　差□				
	蜡熟期至完熟期	小喂入量（工作量）	优□　良□　中□　较差□　差□				
		大喂入量（工作量）	优□　良□　中□　较差□　差□				
春小麦	完熟期至枯熟期	小喂入量（工作量）	优□　良□　中□　较差□　差□				
		大喂入量（工作量）	优□　良□　中□　较差□　差□				
	蜡熟期至完熟期	小喂入量（工作量）	优□　良□　中□　较差□　差□				
		大喂入量（工作量）	优□　良□　中□　较差□　差□				
早稻	完熟期至枯熟期	小喂入量（工作量）	优□　良□　中□　较差□　差□				
		大喂入量（工作量）	优□　良□　中□　较差□　差□				
	蜡熟期至完熟期	小喂入量（工作量）	优□　良□　中□　较差□　差□				
		大喂入量（工作量）	优□　良□　中□　较差□　差□				
中稻	完熟期至枯熟期	小喂入量（工作量）	优□　良□　中□　较差□　差□				
		大喂入量（工作量）	优□　良□　中□　较差□　差□				
	蜡熟期至完熟期	小喂入量（工作量）	优□　良□　中□　较差□　差□				
		大喂入量（工作量）	优□　良□　中□　较差□　差□				
南方晚稻	完熟期至枯熟期	小喂入量（工作量）	优□　良□　中□　较差□　差□				
		大喂入量（工作量）	优□　良□　中□　较差□　差□				
	蜡熟期至完熟期	小喂入量（工作量）	优□　良□　中□　较差□　差□				
		大喂入量（工作量）	优□　良□　中□　较差□　差□				
北方晚稻	完熟期至枯熟期	小喂入量（工作量）	优□　良□　中□　较差□　差□				
		大喂入量（工作量）	优□　良□　中□　较差□　差□				
	蜡熟期至完熟期	小喂入量（工作量）	优□　良□　中□　较差□　差□				
		大喂入量（工作量）	优□　良□　中□　较差□　差□				
调查方式[b]	实地调查□　　信函调查□　　电话调查□						

注：小喂入量（工作量）是指小负荷工作状态，大喂入量（工作量）是指大负荷工作状态；蜡熟期至完熟期是指收获时籽粒含水率较高的作物条件，完熟期至枯熟期是指收获时籽粒含水率较低的作物条件。

[a]　用户根据实际收获的作物种类对收割机进行适用性评价，应依据损失率、破碎率和含杂率等作业质量状况在相应的适用度评价栏的"□"中划"√"，每行对应的"优、良、中、较差、差"只可划一个"√"，否则为无效评价。

[b]　采用实地调查、信函调查方式时，被调查用户应签名。

调查人：　　　　　　　　　　　　　调查日期：　　　　　　　　　　用户签名：

D.2 调查测评汇总表

见表 D.2。

表 D.2 调查测评汇总表

产品型号名称：

作物品种	评价条件		适用度
冬小麦	完熟期至枯熟期	小喂入量（工作量）	
		大喂入量（工作量）	
	蜡熟期至完熟期	小喂入量（工作量）	
		大喂入量（工作量）	
春小麦	完熟期至枯熟期	小喂入量（工作量）	
		大喂入量（工作量）	
	蜡熟期至完熟期	小喂入量（工作量）	
		大喂入量（工作量）	
早稻	完熟期至枯熟期	小喂入量（工作量）	
		大喂入量（工作量）	
	蜡熟期至完熟期	小喂入量（工作量）	
		大喂入量（工作量）	
中稻	完熟期至枯熟期	小喂入量（工作量）	
		大喂入量（工作量）	
	蜡熟期至完熟期	小喂入量（工作量）	
		大喂入量（工作量）	
南方晚稻	完熟期至枯熟期	小喂入量（工作量）	
		大喂入量（工作量）	
	蜡熟期至完熟期	小喂入量（工作量）	
		大喂入量（工作量）	
北方晚稻	完熟期至枯熟期	小喂入量（工作量）	
		大喂入量（工作量）	
	蜡熟期至完熟期	小喂入量（工作量）	
		大喂入量（工作量）	
备注			

汇总人：   汇总日期：

ICS 65.060.01
B 90

中华人民共和国农业行业标准

NY/T 1772—2018
代替 NY/T 1772—2009

拖拉机驾驶培训机构通用要求

General requirements for tractor driving training organizations

2018-03-15 发布

2018-06-01 实施

中华人民共和国农业部 发布

前　言

本标准按照 GB/T 1.1—2009 给出的规则起草。

本标准代替 NY/T 1772—2009《拖拉机驾驶培训机构通用要求》。与 NY/T 1772—2009 相比,除编辑性修改外主要技术变化如下:

——调整了结构层次;

——修改了拖拉机驾驶的定义(见 3.1);

——增加了教学机具的定义(见 3.2);

——增加了档案管理部门(见 4.2,2009 年版 5);

——修改了管理制度(见 4.3.2,2009 年版 6.2);

——修改了教学人员管理的相关资格规定(见 5,2009 年版 7);

——增加了休息场所相关要求(见 6.2,2009 年版 9.1.2);

——将"合同有效期应不少于 3 年"改为"合同有效期应不少于 1 年"(见 6.2.4.2,2009 年版 9.4.2);

——修改了教学机具相关要求,将"教练机"改为"教学机具"(见 7.1,2009 年版 8);

——修改了教学设备相关要求(见 7.2,2009 年版 10);

——删除了表 1 中序号 3(见表 1);

——增加了表 2、表 3 的内容(见表 2、表 3)。

本标准由农业部农业机械化管理司提出。

本标准由全国农业机械标准化技术委员会农业机械化分技术委员会(SAC/TC 201/SC 2)归口。

本标准起草单位:安徽省农业机械管理局。

本标准主要起草人:江洪银、金渝、李诚、陈传经、李涛、程集斌、鲍向红。

本标准所代替标准的历次版本情况为:

——NY/T 1772—2009。

拖拉机驾驶培训机构通用要求

1 范围

本标准规定了拖拉机驾驶培训机构的术语和定义、机构管理、教学人员管理、场地管理、设备管理的要求。

本标准适用于拖拉机驾驶培训机构(以下简称培训机构)的评价。

2 规范性引用文件

下列文件对于本文件的应用是必不可少的。凡是注日期的引用文件,仅注日期的版本适用于本文件。凡是不注日期的引用文件,其最新版本(包括所有的修改单)适用于本文件。

GB/T 16877 拖拉机禁用与报废

3 术语和定义

下列术语和定义适用于本文件。

3.1

拖拉机驾驶 tractor driving

操作拖拉机及配套机具作业的行为。

3.2

教学机具 teaching equipment

教学用拖拉机及与之配套的相关机具。

3.3

机具配套比 machines and implements necessary ration

拖拉机与配套农机具的数量之比。

3.4

教练场地 training grounds

用于拖拉机驾驶训练的场所,包括场地驾驶教练场地、实际道路驾驶教练路线和农具挂接教练场地。

4 机构管理

4.1 机构资质

培训机构应具有独立法人资格。

4.2 机构构成

培训机构应有教学管理、设备管理、人员管理、档案管理和安全管理等部门。

4.3 管理制度

4.3.1 培训机构应规定单位负责人、管理人员、教学人员和其他人员的岗位职责,并上墙公示。

4.3.2 培训机构应建立教学管理制度、教员管理制度、学员管理制度、安全管理制度、教学机具管理制度、教学设施设备管理制度和财务管理制度,并上墙公示。

4.3.3 教学管理制度包括国家统一教学大纲的落实,培训预约,教学实施计划的制订、检查,统编教材的使用,培训日程的安排及教学档案的管理。教学档案应包括教学计划、教学大纲、课程表、学员花名册、教学过程中的相关影像资料。

4.3.4 教员管理制度包括教员聘用、轮训、评议、考核,并建立教员文字和电子档案。

4.3.5 学员管理制度包括学员的学习要求和学员的档案管理。学员档案包括学员申请表、课时表、驾驶培训记录、理论考试试卷、结业登记表(含考试考核记录)、身份证复印件。学员档案以文字和电子档案形式保留时间不少于5年。

4.3.6 安全管理制度包括安全组织、安全教育、安全措施、安全检查和安全应急预案。

4.3.7 教学机具管理制度包括教学机具的使用、维护、检查、检测和更新。

4.3.8 教学设施设备管理制度包括教学设备清单,教学设施设备使用、维修、检查、更新,并建立教学设施设备的文字和电子档案。

4.3.9 财务管理制度包括公示培训收费标准、收费方式及收费的监督管理,配备专职财务人员。

5 教学人员管理

5.1 教学负责人

应具有农机及相关专业大专(含大专)以上学历或相关专业中级(含中级)以上技术职称,从事拖拉机驾驶培训工作3年以上。

5.2 理论教员

具备拖拉机驾驶培训理论教员准教资格。

5.3 教练员

具备拖拉机驾驶培训教练员准教资格。

5.4 人数

培训机构的教学人员应满足教学的需要,一般不少于5人。

6 场地管理

6.1 办公用地

培训机构应有独立办公用房,机构和部门应有明显的标识标牌。

6.2 教练场地

6.2.1 场地驾驶教练场地

6.2.1.1 应能满足40%以上的教学机具同时训练。

6.2.1.2 应相对封闭,有适当的学员休息场所,办公、生活区之间应有分隔设施。

6.2.1.3 应配备消防设施设备和紧急救护药品。

6.2.2 实际道路驾驶教练路线

实际道路驾驶训练路线长度和训练科目应满足国家统一教学大纲内容的要求。

6.2.3 农具挂接教练场地

农具挂接教练场地面积和农具挂接训练科目应满足国家统一教学大纲内容的要求。

6.2.4 租用场地

6.2.4.1 应符合6.2.1～6.2.3的要求。

6.2.4.2 租用合同应合法有效,且合同有效期应不少于1年。

6.3 教室

6.3.1 教室面积应满足教学的需要,一般人均使用面积不少于 $1.2\ m^2$,总面积不少于 $120\ m^2$。

6.3.2 应具备采光、照明和通风等条件,配备相应消防设施。

7 设备管理

7.1 教学机具

7.1.1 教学用拖拉机的机型和数量应与培训范围相适应,一般不少于5台。

7.1.2 应依法取得牌证并检验合格。

7.1.3 机具配套比不低于1∶2。

7.1.4 应按GB/T 16877的规定及时更新。

7.2 教学设备

7.2.1 培训机构应使用多媒体软件进行理论教学。应具备计算机或网络教学系统,满足运行多媒体理论教学要求。

7.2.2 多媒体教学软件的内容应满足国家统一教学大纲的要求。

7.2.3 培训机构电化教学设备、示教板及教学挂图和模型教具应分别符合表1、表2和表3的规定。

表 1 电化教学设备

序号	名 称	单位	数量
1	多媒体教学设备	台	≥1
2	教学用计算机	台	≥2

表 2 示教板及教学挂图

序号	名 称	单位	数量
1	道路交通标志、标线、信号挂图	套	≥1
2	整机拆装挂图	套	≥1
3	液压原理及构造图	套	≥1
4	电器设备连接总线路布置图	套	≥1
5	各培训机型主要部件构造及工作原理图	套	≥1
6	拖拉机主要零部件示教板	套	≥1

表 3 模型教具

序号	名 称	单位	数量
1	柴油发动机实物解剖模型	台	≥1
2	维护、排除故障实习用教具	台	≥10
3	常用主要零部件实物	套	≥1
4	培训相关图书、教材、技术资料	册	≥200
5	心肺复苏训练模拟人	个	≥1
6	急救用品包	套	≥1

ICS 65.060.01
B 90

中华人民共和国农业行业标准

NY/T 3203—2018

天然橡胶初加工机械 乳胶离心沉降器 质量评价技术规范

Machinery for primary processing of matural rubber—
Latex centrifuge—Technical specification of the quality evaluation

2018-03-15 发布

2018-06-01 实施

中华人民共和国农业部 发布

前　言

本标准按照 GB/T 1.1—2009 给出的规则起草。

本标准由中华人民共和国农业部提出。

本标准由农业部热带作物及制品标准化技术委员会归口。

本标准起草单位:中国热带农业科学院农业机械研究所。

本标准主要起草人:邓怡国、张园、郑勇、覃双眉、崔振德。

天然橡胶初加工机械　乳胶离心沉降器　质量评价技术规范

1　范围

本标准规定了天然橡胶初加工机械乳胶离心沉降器的质量要求、检测方法和检验规则。

本标准适用于以新鲜胶乳为原料的天然橡胶初加工机械乳胶离心沉降器的质量评定。

2　规范性引用文件

下列文件对于本文件的应用是必不可少的。凡是注日期的引用文件,仅注日期的版本适用于本文件。凡是不注日期的引用文件,其最新版本(包括所有的修改单)适用于本文件。

GB/T 2828.11—2008　计数抽样检验程序　第11部分:小总体声称质量水平的评定程序

GB/T 3768　声学声压法测定噪声源声功率级反射面上方采用包络测量表面的简易法

GB/T 5667—2008　农业机械　生产试验方法

GB/T 8196　机械安全　防护装置　固定式和活动式防护装置设计与制造一般要求

GB/T 8293　浓缩天然胶乳　残渣含量的测定

GB/T 9480　农林拖拉机和机械、草坪和园艺动力机械　使用说明书编写规则

GB 10396　农林拖拉机和机械、草坪和园艺动力机械　安全标志和危险图形　总则

GB/T 13306　标牌

JB/T 9832.2　农林拖拉机及机具漆膜附着性能测定方法　压切法

NY/T 1036—2006　热带作物机械　术语

3　术语和定义

NY/T 1036—2006界定的以及下列术语和定义适用于本文件。为了便于使用,以下重复列出了NY/T 1036—2006中的某些术语和定义。

3.1

乳胶离心沉降器　latex centrifugal clarifier

在离心力和重力的作用下,使胶乳中较重的杂质沉降分离的设备。

[NY/T 1036—2006,定义2.2.1]

3.2

可用度　availability

在规定条件下及规定时间内,产品能工作时间对能工作时间与不能工作时间之和的比。

[改写GB/T 5667—2008,定义2.12]

3.3

残渣　residue

新鲜胶乳中树叶、泥沙等外来杂质。

4　基本要求

4.1　质量评价所需的文件资料

质量评价所需文件资料应包括:

a)　产品规格确认表(见附录A),并加盖企业公章;

b)　产品执行标准或产品制造验收技术条件;

c) 产品使用说明书；

d) 产品三包凭证；

e) 产品照片 3 张(正前方、正后方、正前方 45°各 1 张)。

4.2 主要技术参数核对与测量

依据产品使用说明书、铭牌和企业提供的其他技术文件,对样机的主要技术参数按照表 1 的规定进行核对或测量。

表 1 核测项目表

序号	项 目		方法
1	规格型号		核对
2	结构型式		核对
3	外形尺寸(长×宽×高)		测量
4	整机质量		核对
5	额定转鼓转速		测量
6	转鼓直径		测量
7	配套动力	生产企业	核对
		型号	核对
		结构型式	核对
		额定功率	核对
		电压	核对
		频率	核对
		额定转速	核对

4.3 试验条件

4.3.1 试验样机

试验样机应按照使用说明书的要求安装并调整到正常工作状态。

4.3.2 试验用动力

根据样机使用说明书的规定选择技术状态良好的试验用动力,试验用动力应选择使用说明书中规定的配套动力范围中最接近下限的动力。

4.3.3 操作人员

试验时应按照使用说明书的规定配备熟练的操作人员进行操作,试验过程中无特殊情况不允许更换操作人员。

4.3.4 主要仪器设备

试验测试前仪器设备应进行检定或校准,并在有效的检定周期内。仪器设备的测量范围应符合表 2 的要求、测量准确度应不低于表 2 的要求。

表 2 主要试验用仪器设备测量范围和准确度要求

测量参数名称	测量范围	准确度要求
长度	0 m～5 m	1 mm
质量	0 kg～6 kg	1 g
	0 kg～100 kg	50 g
时间	0 h～24 h	1 s/d
温度	0℃～100℃	1℃
噪声	35 dB(A)～130 dB(A)	2 级

5 质量要求

5.1 主要性能要求

产品主要性能要求应符合表 3 的规定。

表 3　性能指标要求

序号	项　　目	性能指标	对应的检测方法条款号
1	生产率,kg/h(鲜乳)	≥企业明示技术要求	6.1.1
2	耗电量,(kW·h)/t(鲜乳)	≤企业明示技术要求	6.1.2
3	可用度(K_{18h}),%	≥95	6.1.3
4	残渣含量(质量分数),%	≤0.10	6.1.4
5	空载噪声,dB(A)	≤80	6.1.5
6	轴承负载温升,℃	≤45	6.1.7

注:K_{18h}是指对离心沉降器样机进行 18 h 可靠性试验的可用度。

5.2　安全要求

5.2.1　对易造成伤害事故的外露旋转零部件应设有防护装置。防护装置应符合 GB/T 8196 的要求。

5.2.2　在可能危及人员安全的部位,应在明显处设有安全警示标志,标志应符合 GB 10396 的要求。

5.2.3　设备运行时有可能发生移位、松脱或抛射的零部件,应有紧固或防松装置。

5.2.4　电气装置应安全可靠,设备应有接地设施和明显的接地标志,接地电阻应不大于 10 Ω。

5.3　装配质量

5.3.1　设备应运转平稳、无卡滞,不应有明显的振动、冲击和异响等现象。调整装置应灵敏可靠。

5.3.2　各轴承部件不应有漏油现象,转鼓不应有泄漏现象。

5.3.3　鼓盖开合应灵活可靠,与主体接合应牢固、密封,接合边缘错位量应不大于 3 mm。

5.4　外观质量

5.4.1　表面应无锈蚀、碰伤等缺陷。

5.4.2　表面漆层应色泽均匀、平整光滑,不应有露底、严重的流痕和麻点。

5.4.3　漆膜附着力应符合 JB/T 9832.2 中 2 级 3 处的要求。

5.4.4　焊缝表面应均匀,不应有裂纹(包括母材)、气孔、漏焊等缺陷。

5.4.5　应有指示润滑、操纵、安全等标牌或标志,并符合有关标准的规定。

5.4.6　电器线路及软线管应排列整齐,不应有伤痕和压扁等缺陷。

5.5　操作方便性

5.5.1　各操纵机构应灵活、有效、设计合理、操作方便。

5.5.2　调整、保养、更换零部件应方便。

5.5.3　保养点应设计合理,便于操作。

5.6　使用说明书

使用说明书应按照 GB/T 9480 的规定编写,至少应包括以下内容:

a)　产品特点及主要用途;
b)　安全警示标志并明确其粘贴位置;
c)　安全注意事项;
d)　产品执行标准及主要技术参数;
e)　整机结构简图及工作原理;
f)　安装、调整和使用方法;
g)　维护和保养说明;
h)　常见故障及排除方法。

5.7　三包凭证

三包凭证至少应包括以下内容：

a) 产品品牌（如有）、型号规格、购买日期、产品编号；

b) 生产厂家名称、地址、电话；

c) 售后服务单位名称、地址、电话；

d) 三包项目及有效期；

e) 销售记录（包括销售单位、销售日期、购机发票号码）；

f) 修理记录（包括送修时间、交货时间、送修故障、修理情况、换退货证明）；

g) 不承担三包责任的情况说明。

5.8 铭牌

5.8.1 在产品醒目的位置应有永久性铭牌，其规格应符合 GB/T 13306 的要求。

5.8.2 铭牌应至少包括以下内容：

a) 产品名称及型号；

b) 配套动力及配套动力的电压与频率；

c) 外形尺寸；

d) 整机质量；

e) 额定转鼓转速；

f) 产品执行标准；

g) 出厂编号、日期；

h) 生产厂家名称、地址。

5.9 关键零部件质量

5.9.1 转鼓应进行动平衡试验。

5.9.2 法兰与立轴不应有裂纹和其他影响强度的缺陷。

5.9.3 与胶乳、胶清可能接触的部件，不应使用含铜、锰等污染胶乳的材料。

6 检测方法

6.1 性能试验

6.1.1 生产率

在额定转速及满负载条件下，测定 3 个班次小时生产率，每班次不少于 6 h，取 3 次测定的算术平均值。班次时间包括纯工作时间、工艺时间和故障时间。生产率按式（1）计算。

$$E_b = \frac{\sum Q_b}{\sum T_b} \quad\cdots\cdots\cdots\cdots\cdots\cdots\cdots\cdots\cdots\cdots\cdots\cdots\cdots\cdots\cdots\cdots\cdots\cdots\cdots\cdots\cdots \text{(1)}$$

式中：

E_b——班次小时生产率，单位为千克每小时（kg/h）；

Q_b——测定期间班次生产量，单位为千克（kg）；

T_b——测定期间班次时间，单位为小时（h）。

结果精确到整数。

6.1.2 耗电量

在生产率测定的同时进行，测定 3 次，取 3 次测定的算术平均值，结果精确到 0.1（kW·h）/t。耗电量按式（2）计算。

$$G_n = \frac{\sum G_{nz}}{\sum Q_b} \quad\cdots\cdots\cdots\cdots\cdots\cdots\cdots\cdots\cdots\cdots\cdots\cdots\cdots\cdots\cdots\cdots\cdots\cdots\cdots \text{(2)}$$

式中：

G_n——耗电量，单位为千瓦小时每吨[(kW·h)/t]；

G_{nz}——测定期间班次耗电量，单位为千瓦小时(kW·h)。

结果精确到小数点后1位。

6.1.3 可用度

考核期间对样机进行连续3个班次的测定，每个班次作业时间为6 h，可用度按式(3)计算。

$$K_{18h} = \frac{\sum T_z}{\sum T_z + \sum T_g} \times 100 \quad\cdots\cdots\cdots\cdots\cdots\cdots\cdots (3)$$

式中：

K_{18h}——可用度，单位为百分率(%)；

T_z——生产考核期间班次工作时间，单位为小时(h)；

T_g——生产考核期间班次的不能工作时间，单位为小时(h)。

6.1.4 残渣含量

残渣含量的测定应按照GB/T 8293规定的方法执行。

6.1.5 空载噪声

空载噪声的测定应按照GB/T 3768规定的方法执行。

6.1.6 接地电阻

用接地电阻测试仪测试，测量3次，取最大值。

6.1.7 轴承负载温升

作业前与以额定生产率正常作业2 h后，分别测量轴承座外壳温度，计算轴承温升，测量3次，取最大值。

6.2 安全要求

按照5.2的规定逐项检查，所有子项合格，则该项合格。

6.3 装配质量

按照5.3的规定逐项检查，所有子项合格，则该项合格。

6.4 外观质量

按照5.4的规定逐项检查，所有子项合格，则该项合格。

6.5 操作方便性

按照5.5的规定逐项检查，所有子项合格，则该项合格。

6.6 使用说明书

审查使用说明书是否符合5.6的要求，所有子项合格，则该项合格。

6.7 三包凭证

审查产品三包凭证是否符合5.7的规定，所有子项合格，则该项合格。

6.8 铭牌

用目测法检查铭牌是否符合5.8的规定，所有子项合格，则该项合格。

6.9 关键零部件质量

按照5.9的规定逐项检查，所有子项合格，则该项合格。

7 检验规则

7.1 检验项目及不合格分类判定规则

检验项目按其对产品质量影响的程度分为A、B、C三类。检验项目及不合格分类见表4。

表 4 检验项目及不合格分类表

不合格分类		检验项目	对应的质量要求的条款号
类别	序号		
A	1	生产率	5.1
	2	可用度(K_{18h})	5.1
	3	安全要求	5.2
	4	残渣含量	5.1
B	1	空载噪声	5.1
	2	耗电量	5.1
	3	轴承负载温升	5.1
	4	关键零部件质量	5.9
	5	装配质量	5.3
C	1	操作方便性	5.5
	2	使用说明书	5.6
	3	三包凭证	5.7
	4	铭牌	5.8
	5	外观质量	5.4

7.2 抽样方案

7.2.1 抽样方案按照 GB/T 2828.11—2008 中表 B.1 的要求制订,见表 5。

表 5 抽样判定方案

检验水平	O
声称质量水平(DQL)	1
核查总体(N)	10
样本量(n)	1
不合格品限定数(L)	0

7.2.2 采用随机抽样,在生产企业 12 个月内生产且自检合格的产品中随机抽取 2 台样机,其中 1 台用于检验,另 1 台备用。由于非质量原因造成试验无法继续进行时,启用备用样机。抽样基数应不少于 10 台,在销售部门或用户中抽样不受此限。

7.3 评定规则

对样本中 A、B、C 各类检验项目逐项考核和判定,当 A 类不合格项目数为 0(即 A=0),B 类不合格项目数不超过 1(即 B≤1),C 类不合格项目数不超过 2(即 C≤2),判定样品为合格产品,否则判定样品为不合格产品。

附 录 A

（规范性附录）

产品规格确认表

产品规格确认表见表 A.1。

表 A.1 产品规格确认表

序号	项 目		单位	设计值
1	规格型号		—	
2	结构型式		—	
3	整机质量		kg	
4	外形尺寸(长×宽×高)		mm	
5	额定转鼓转速		r/min	
6	转鼓直径		mm	
7	配套动力	生产企业	—	
		型号	—	
		结构型式	—	
		额定功率	kW	
		电压	V	
		频率	Hz	
		额定转速	r/min	

ICS 65.060.01
B 90

中华人民共和国农业行业标准

NY/T 3205—2018

农业机械化管理统计数据审核

The auditing for the statistical data of agricultural mechanization management

2018-03-15 发布
2018-06-01 实施

中华人民共和国农业部 发布

NY/T 3205—2018

前　言

本标准按照 GB/T 1.1—2009 给出的规则起草。

本标准由农业部农业机械化管理司提出。

本标准由全国农业机械标准化技术委员会农业机械化分技术委员会(SAC/TC 201/SC 2)归口。

本标准起草单位:山东省农业机械管理局、泰安市农业机械管理局、农业部农业机械化管理司、农业部农业机械试验鉴定总站、农业部农业机械化技术开发推广总站。

本标准主要起草人:郑莉、董立柱、郑纪超、张冬梅、滕雪飞、仵建涛、陈燕。

农业机械化管理统计数据审核

1 范围

本标准规定了《全国农业机械化管理统计报表制度》的统计数据审核要求、审核程序和记录要求。

本标准适用于《全国农业机械化管理统计报表制度》所列指标数据的审核。

注:《全国农业机械化管理统计报表制度》指经国家统计局备案批准的统计报表。

2 术语和定义

下列术语和定义适用于本文件。

2.1

统计数据 statistical data

《全国农业机械化管理统计报表制度》所列指标的数据。

2.2

公布的统计数据 officially published statistical data

按照国家有关规定和已批准或者备案的统计调查制度公布的数据。

2.3

衍生数据 derived data

依据《全国农业机械化管理统计报表制度》规定的统计指标和统计方法,加工计算得出的数据。

2.4

参考数据 reference data

农业机械化管理部门掌握或可获得的相关业务数据。

2.5

参考关系 reference relationship

统计数据与参考数据的一致性对比关系。

2.6

逻辑关系 logical relationship

统计数据之间、衍生数据之间、统计数据与公布的统计数据之间必须满足的关系。

2.7

历史关系 historical relationship

同一统计指标不同年份间的数据增减对比关系。

2.8

审核关系 auditing relationship

参考关系、逻辑关系、历史关系三类关系的统称。

2.9

溯源审核 traceable auditing

因审核本级统计数据发现问题或错误而向下级查找原因,并自下而上进行修正的活动。

2.10

数据会商 data consultation

审核过程中,组织相关部门或单位对统计数据共同研讨审定的活动。

3 审核要求

3.1 统计数据与参考数据应总体协调。

3.2 数据之间应满足逻辑关系。

3.3 同一统计指标当年数据与上年数据的波动应符合实际统计对象客观变化的结果。

4 审核程序

4.1 审核顺序

按照参考关系、逻辑关系、历史关系的顺序进行审核。

4.2 参考关系审核

4.2.1 搜集参考数据。

4.2.2 对照统计数据与参考数据,实施数据会商。

4.2.3 查找与参考数据偏差过大的统计数据,查找原因。

4.2.4 实施溯源审核,说明确认无误的数据。

4.2.5 参考关系审核内容见附录 A。

4.3 逻辑关系审核

4.3.1 搜集公布的统计数据。

4.3.2 按照逻辑关系审核内容审核统计数据。

4.3.3 实施溯源审核。

4.3.4 已通过参考关系审核,但未通过逻辑关系审核的统计数据,修正后重新按照审核顺序进行审核。

4.3.5 逻辑关系审核内容见附录 B。

4.4 历史关系审核

4.4.1 计算统计数据与上年度增减幅度。

4.4.2 查找增减幅度过大的统计数据。

4.4.3 实施溯源审核,说明确认无误的数据。

4.4.4 编制统计数据报告。

4.4.5 已通过参考关系和逻辑关系审核,但未通过历史关系审核的统计数据,修正后重新进行参考关系和逻辑关系审核。

4.4.6 参考关系、逻辑关系、历史关系审核流程图参见附录 C。

5 记录要求

5.1 纸质记录

纸质记录应完备、签章齐全,应满足以下要求:

——纸质统计报表应当由填报人员和单位负责人签字,并加盖公章,注明填报日期;

——审核记录(包括参考数据来源、统计数据问题确认及反馈等)、统计数据报告应加盖公章并保存;

——汇总性统计记录应至少保存 10 年,重要的汇总性统计记录应永久保存。

5.2 电子记录

电子记录应与纸质记录数据完全一致。纸质统计报表、审核记录、统计数据报告等纸质资料应保留可见签章的电子版本。

附　录　A
（规范性附录）
参考关系审核内容

参考关系审核内容见表 A.1。

表 A.1　参考关系审核内容

序号	统计数据	参考数据	参考数据来源	参考关系类型
1	农机化管理机构（年末机构数、年末人数）	农机化管理机构数、人数	农机相关部门	完全一致
2	农机试验鉴定机构（年末机构数、年末人数）	农机试验鉴定机构数、人数	农机相关部门	完全一致
3	农机化技术推广机构（年末机构数、年末人数）	农机化技术推广机构数、人数	农机相关部门	完全一致
4	农机安全监理机构（年末机构数、年末人数）	农机安全监理机构数、人数	农机相关部门	完全一致
5	农机一级维修点、二级维修点、三级维修点和专项维修点	农机一级维修点、二级维修点、三级维修点和专项维修点	农机相关部门	完全一致
6	拖拉机驾驶培训机构数	拖拉机驾驶培训机构数	农机相关部门	完全一致
7	获得农机职业技能鉴定证书人员数，其中修理工数	农机职业技能鉴定合格证书累计发证数，修理工累计发证数	农机相关部门	完全一致
8	农机专业合作社（年末机构数、年末人数）	农机合作社数量和人数	农机相关部门	无较大偏差
9	农机专业合作社作业服务面积	农机合作社作业服务面积	农机相关部门	无较大偏差
10	机械深松面积	机械化深松作业面积	农机相关部门	无较大偏差
11	农机化教育、培训机构（年末机构数、年末人数）	农机化教育、培训机构数及人数	农机相关部门	无较大偏差
12	农机化作业服务组织（年末机构数、年末人数）	农机化作业服务组织数量及人数	农机相关部门	无较大偏差
13	小麦、水稻、玉米、大豆、油菜、马铃薯、花生、棉花等农作物机耕、机播、机收面积	小麦、水稻、玉米、大豆、油菜、马铃薯、花生、棉花等农作物机耕、机播、机收面积	农机相关部门	无较大偏差
14	跨区作业面积	跨区作业面积	农机相关部门	无较大偏差
注1：该表所列参考关系均默认为各级一一对应。 注2：完全一致，即统计数据与参考数据保持一致；无较大偏差，即统计数据与参考数据可以不一致，但需要解释说明。				

附　录　B
（规范性附录）
逻辑关系审核内容

逻辑关系审核内容见表 B.1。

表 B.1　逻辑关系审核内容

序号	逻辑关系
1	《全国农业机械化管理统计报表制度》中列出的逻辑关系
2	大中型拖拉机动力/大中型拖拉机保有量≥14.7 kW/台
3	各动力分段拖拉机动力/各动力分段拖拉机保有量在该动力分段区间内
4	轮式拖拉机动力/轮式拖拉机保有量≥14.7 kW/台
5	小型拖拉机动力/小型拖拉机保有量在2.2 kW/台～14.7 kW/台区间内；手扶式拖拉机动力/手扶式拖拉机保有量在2.2 kW/台～14.7 kW/台区间内
6	拖拉机配套机具≥机引犁＋旋耕机＋深松机＋机引耙＋播种机＋水稻直播机＋化肥深施机＋地膜覆盖机
7	机耕（机播、机收）面积≤公布的农作物总播种面积
8	机械深耕面积≤机耕面积
9	机械化免耕播种面积≤机播面积
10	农田机械节水灌溉面积≤机电灌溉面积
11	小麦（水稻、玉米、大豆、油菜、马铃薯、花生、棉花）机耕、机播、机收面积≤公布的小麦（水稻、玉米、大豆、油菜、马铃薯、花生、棉花）播种面积
12	实际脱出（清选、质保、机械初加工）农产品总量≤公布的农产品总量
13	林果业（果茶桑）种植面积＝公布的果园面积＋茶园面积＋桑园面积
14	设施农业机械化耕整地（种植、采运、灌溉施肥、环境调控）面积≤温室总面积
15	补充资料中：免耕播种面积≤公布的农作物总播种面积－机耕总面积；小麦（水稻、玉米）免耕播种面积≤公布的小麦（水稻、玉米）播种面积－小麦（水稻、玉米）机耕面积

附　录　C
（资料性附录）
参考关系、逻辑关系、历史关系审核流程图

参考关系、逻辑关系、历史关系审核流程图见图 C.1。

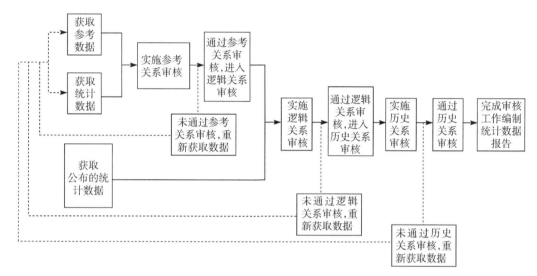

图 C.1　参考关系、逻辑关系、历史关系审核流程图

ICS 65.060.01
T 60

中华人民共和国农业行业标准

NY/T 3207—2018

农业轮式拖拉机技术水平评价方法

Evaluation method of technical level for agricultural wheeled tractors

2018-03-15 发布

2018-06-01 实施

中华人民共和国农业部 发布

前　言

本标准按照 GB/T 1.1—2009 给出的规则起草。

本标准由农业部农业机械化管理司提出。

本标准由全国农业机械标准化技术委员会农业机械化分技术委员会(SAC/TC 201/SC 2)归口。

本标准起草单位:农业部农业机械试验鉴定总站、江苏现代农业装备科技示范中心、吉林省农业机械化管理中心、中国一拖集团有限公司、约翰迪尔(天津)有限公司、常州东风农机集团有限公司、山东五征集团有限公司、爱科(中国)投资有限公司、江苏省农业机械试验鉴定站、江苏常发农业装备股份有限公司。

本标准主要起草人:彭鹏、耿占斌、孔华祥、祝添禄、宋英、王利军、张素洁、杨茜、廖汉平、苏东林、王侠民、李有吉、曲桂宝、卢建强、王子萌。

农业轮式拖拉机技术水平评价方法

1 范围

本标准规定了农业轮式拖拉机技术水平评价用术语和定义、评价指标和评价方法。

本标准适用于以柴油机为动力的农业轮式拖拉机(以下简称拖拉机)的技术水平评价。

2 规范性引用文件

下列文件对于本文件的应用是必不可少的。凡是注日期的引用文件,仅注日期的版本适用于本文件。凡是不注日期的引用文件,其最新版本(包括所有的修改单)适用于本文件。

GB/T 6960(所有部分) 拖拉机术语

NY/T 2207 轮式拖拉机能效等级评价

3 术语和定义

GB/T 6960(所有部分)界定的术语和定义适用于本文件。

4 评价指标

拖拉机技术水平评价指标分级及权重见表1。

表1 评价指标分级及权重

一级指标			二级指标	
序号	名称	权重(S_i)	名称	权重(S_{ij})
1	柴油机	0.13	柴油机结构及附件	0.62
			环保性能(排放水平)	0.38
2	底盘	0.42	传动系	0.48
			行走、转向系	0.12
			制动系	0.05
			工作装置	0.35
3	智能控制	0.25	电气电子系统	0.20
			智能化	0.80
4	其他	0.20	舒适性	0.65
			经济性能(能效等级)	0.35

5 评价方法

5.1 确定二级指标评分值

5.1.1 根据拖拉机的实际配置,将二级指标的技术先进程度分为六级,分别用评分值0、20、40、60、80、100来表示,其中,0最低,100最高。各二级指标评分值与技术特征对应见附录A,部分技术特征说明参见附录B。

5.1.2 将被评价拖拉机的二级指标技术特征与附表A进行对比,确定二级指标的评分值R_{ij}。

5.2 计算一级指标评分值

根据确定的二级指标评分值及相应的权重,按式(1)计算一级指标评分值。

$$R_i = \sum_{j=1}^{n}(S_{ij} \times R_{ij}) \quad\cdots\cdots\cdots (1)$$

式中：

R_i——一级指标评分值；

n ——当 $i=1$ 时，$n=2$；当 $i=2$ 时，$n=4$；当 $i=3$ 时，$n=2$；当 $i=4$ 时，$n=2$；

S_{ij}——二级指标权重；

R_{ij}——二级指标评分值。

5.3 计算综合评分值

根据一级指标评分值及相应的权重，按式（2）计算综合评分值。分别将二级指标评分值、一级指标评分值和综合评分值填入表2。

$$R = \sum_{i=1}^{4} (S_i \times R_i) \cdots\cdots\cdots\cdots\cdots\cdots\cdots\cdots\cdots\cdots\cdots\cdots\cdots\cdots\cdots\cdots (2)$$

式中：

R——综合评分值；

S_i——一级指标权重；

R_i——一级指标评分值。

表2 综合评分值和一级指标评分值计算汇总表

综合评分值	一级指标				二级指标		
	序号	名称	权重(S_i)	评分值(R_i)	名称	权重(S_{ij})	评分值(R_{ij})
R	1	柴油机	$S_1(0.13)$	R_1	柴油机结构及附件	$S_{11}(0.62)$	R_{11}
					环保性能	$S_{12}(0.38)$	R_{12}
	2	底盘	$S_2(0.42)$	R_2	传动系	$S_{21}(0.48)$	R_{21}
					行走、转向系	$S_{22}(0.12)$	R_{22}
					制动系	$S_{23}(0.05)$	R_{23}
					工作装置	$S_{24}(0.35)$	R_{24}
	3	智能控制	$S_3(0.25)$	R_3	电气仪表系统	$S_{31}(0.20)$	R_{31}
					智能化	$S_{32}(0.80)$	R_{32}
	4	其他	$S_4(0.20)$	R_4	舒适性	$S_{41}(0.65)$	R_{41}
					经济性能（能效等级）	$S_{42}(0.35)$	R_{42}
注1：$R_1 = (R_{11} \times S_{11} + R_{12} \times S_{12})$。							
注2：$R_2 = (R_{21} \times S_{21} + R_{22} \times S_{22} + R_{23} \times S_{23} + R_{24} \times S_{24})$。							
注3：$R_3 = (R_{31} \times S_{31} + R_{32} \times S_{32})$。							
注4：$R_4 = (R_{41} \times S_{41} + R_{42} \times S_{42})$。							
注5：$R_{ij} \in [0,20,40,60,80,100]$；$R_i \in [0\sim100]$。							

5.4 评价结果

5.4.1 等级划分

拖拉机技术水平分为A级、B级、C级、D级、E级和F级6个等级。其中，A级代表国际领先水平、B级代表国际先进水平、C级代表国内领先水平、D级代表国内先进水平、E级代表国内一般水平、F级代表国内落后水平。

5.4.2 一级指标评价等级

根据一级指标评分值，按表3确定拖拉机一级指标评价等级。

表3 一级指标评价等级划分表

R_i	$R_i \geqslant 90$	$70 \leqslant R_i < 90$	$50 \leqslant R_i < 70$	$30 \leqslant R_i < 50$	$10 \leqslant R_i < 30$	$R_i < 10$
一级指标评价等级	A级	B级	C级	D级	E级	F级

5.4.3 综合评价等级

根据综合评分值,按表4确定拖拉机综合评价等级。

表4 综合评价等级划分表

R	$R \geqslant 90$	$70 \leqslant R < 90$	$50 \leqslant R < 70$	$30 \leqslant R < 50$	$10 \leqslant R < 30$	$R < 10$
综合评价等级	A级	B级	C级	D级	E级	F级

附　录　A

（规范性附录）

二级指标评分值与技术特征对应表

二级指标评分值与技术特征对应表见表 A.1。

表 A.1　二级指标评分值与技术特征对应表

一级指标	二级指标	评分值,分	技术特征[a]
柴油机	柴油机结构及附件	0	燃油供给技术:机械泵
		20	燃油供给技术:电控单体泵技术／电控转子(整体)泵技术
		40	a)　燃油供给技术:高压共轨技术 b)　进气方式:增压 c)　空滤带自动除尘装置 d)　风扇:固定传动比 e)　发动机散热器以外的散热装置可翻转或有散热器防尘清理装置 其中,a)项必备,b)～e)项不少于 3 项
		60	a)　燃油供给技术:高压共轨技术 b)　进气方式:增压 c)　干式空滤带自动除尘装置 d)　风扇:黏性可变速 e)　发动机散热器以外的散热装置可翻转 其中,a)项必备,b)～e)项不少于 3 项
		80	a)　燃油供给技术:高压共轨技术 b)　进排气门技术:每缸 4 气门 c)　进气方式:增压中冷 d)　干式空滤带自动除尘装置 e)　风扇:黏性可变速 f)　发动机散热器以外的散热装置可翻转 其中,a)和 b)项必备,c)～f)项不少于 3 项
		100	a)　燃油供给技术:高压共轨技术 b)　进排气门技术:每缸 4 气门 c)　进气方式:电控可变截面增压器 d)　干式空滤带自动除尘装置 e)　风扇:电控可变速 f)　发动机散热器以外的散热装置可翻转或自动除尘
	环保性能	60	排放水平:满足国家非道路柴油机现行排气污染物排放限值标准
		80	排放水平:高于国家非道路柴油机现行排气污染物排放限值标准一个等级
		100	排放水平:高于国家非道路柴油机现行排气污染物排放限值标准两个等级及以上
底盘	传动系	0	a)　传动方式:皮带传动 b)　离合器:干式、单作用离合器 c)　变速箱:主、副变速为滑动齿轮换挡
		20	a)　传动方式:齿轮传动 b)　离合器:联动操纵的双作用离合器 c)　变速箱:主变速前进挡为啮合套换挡
		40	a)　传动方式:齿轮传动 b)　离合器:独立式主、副离合器 c)　变速箱:主变速前进挡同步器换挡或啮合套换挡＋螺旋斜齿轮啮合

NY/T 3207—2018

表 A.1（续）

一级指标	二级指标	评分值,分	技术特征
底盘	传动系	60	a) 传动方式:齿轮传动 b) 离合器:独立湿式主、副离合器 c) 变速箱:Hi-Lo动力(负载)换挡或3段动力(负载)换挡或动力(负载)换向,同时主变速前进挡同步器换挡或啮合套换挡＋螺旋斜齿轮啮合
		80	a) 离合器:电液控制离合器 b) 变速箱:4段及以上动力(负载)换挡或全动力(负载)换挡
		100	a) 离合器:电液控制离合器 b) 变速箱:全动力(负载)换挡＋自动换挡或无级变速
	行走、转向系	0	a) 轮胎:普通轮胎 b) 转向机构:机械转向
		20	a) 轮胎:普通轮胎 b) 转向机构:液压助力转向
		40	a) 轮胎:普通轮胎 b) 转向机构:液压助力转向 c) 轮距调节:3种轮距
		60	a) 轮胎:子午线轮胎 b) 转向机构:全液压转向 c) 轮距调节:4种轮距及以上 d) 前驱动桥:带限滑装置
		80	a) 轮胎:子午线轮胎 b) 转向机构:全液压转向 c) 轮距调节:4种轮距及以上 d) 前驱动桥:电液控制四轮驱动,带限滑装置
		100	a) 轮胎:子午线轮胎 b) 转向机构:全液压转向 c) 轮距调节:4种轮距及以上 d) 电控悬浮式前轴或前桥 e) 前驱动桥:电液控制四轮驱动,带电液控制差速锁 f) 后桥:电液控制差速锁
	制动系	0	简易制动系统,带式或蹄式制动
		20	机械操纵、钳式制动或干式盘式制动
		40	机械操纵、湿式制动
		60	液压操纵或助力机械操纵、湿式制动
		80	液压操纵、湿式制动,带自动挂接前驱动桥装置
		100	ABS制动,双管路制动系统
	工作装置	0	a) 动力输出轴:非独立式 b) 液压输出:1组液压输出 c) 悬挂装置:后置三点悬挂 d) 开心式液压系统 e) 调节方式:位调节或强压式
		20	a) 动力输出轴:半独立式 b) 液压输出:2组液压输出 c) 悬挂装置:后置三点悬挂 d) 开心式液压系统 e) 调节方式:力调节、位调节、力位综合调节

123

表 A.1（续）

一级指标	二级指标	评分值,分	技术特征
底盘	工作装置	40	a) 动力输出轴:独立式 b) 液压输出:2 组及以上液压输出 c) 悬挂装置:后置三点悬挂 d) 开心式液压系统 e) 调节方式:力调节、位调节、力位综合调节
		60	a) 动力输出轴(适用时):独立式,电液控制 b) 液压输出:3 组及以上液压输出 c) 悬挂装置(适用时):后置三点悬挂带电液控制＋外置快速挂接控制按钮 d) 开心式液压系统 e) 调节方式:力调节、位调节、力位综合调节
		80	a) 动力输出轴(适用时):独立式,电液控制 b) 液压输出: 　1) 电液控制 3 组及以上液压输出 　2) 负载敏感液压输出系统 c) 闭心式液压系统 d) 悬挂装置(适用时):后置三点悬挂带电液控制＋局部负载传感 e) 调节方式: 　1) 力调节、位调节、力位综合调节 　2) 带位调节记忆功能
		100	a) 动力输出轴(适用时):独立式,电液控制 b) 液压输出: 　1) 电液控制 4 组及以上液压输出 　2) 负载敏感液压输出系统 c) 悬挂装置(适用时):后置和前置三点悬挂带电液控制＋全部负载传感与信号采集 d) 闭心式液压系统 e) 调节方式: 　1) 力调节、位调节、力位综合调节 　2) 带位调节记忆功能
智能控制	电气电子系统	0	单独控制
		20	集中控制
		40	集成仪表盘控制
		60	数字化集成仪表盘控制,自动诊断
		80	集成仪表盘控制,总线技术,自动诊断
		100	电器系统高度集成,信息化集成控制
	智能化	20	a) 采用组合仪表 b) 局部采用传感装置
		40	a) 采用电子或数字式组合仪表 b) 故障报警(机油压力、水温、燃油量)
		60	a) 总线技术 b) 采用主控制器,实现工况动态监测、自动诊断、故障报警及响应 c) 能够加装自动辅助驾驶
		80	a) 总线技术 b) 采用主控制器,实现工况动态监测、自动诊断、故障报警及响应 c) 网络＋作业监测 d) 地头管理 e) 自动辅助驾驶

表 A.1（续）

一级指标	二级指标	评分值,分	技术特征
智能控制	智能化	100	a) 总线技术 b) 采用主控制器,实现工况动态监测、自动诊断、故障报警及响应 c) 网络＋作业监测 d) 地头管理 e) 智能操作:定转速和功率增加管理系统 f) 自动驾驶
其他	舒适性	0	a) 座椅:固定式,无悬浮减振,无高度和前后调整 b) 操作平台:无减振装置 c) 方向盘:固定式机械转向 d) 功能性操纵布局:中置换挡
		20	a) 座椅:弹性减振 b) 操作平台:无减振装置 c) 方向盘:固定式 d) 功能性操纵布局:侧置换挡

		40	a) 驾驶员全身振动联合加权加速度:$\leqslant 2.8$ m/s²
			b) 座椅:
			  1) 机械阻尼减振
			  2) 机械式高度和前后调整
			c) 操作平台:有减振装置
			d) 方向盘:角度可调
			e) 功能性操纵布局:侧置换挡
			f) 驾驶员操作位置处噪声水平[dB(A)]:
			  $\leqslant 93$(当标定功率<48 kW 时)
			  $\leqslant 94$(当标定功率$\geqslant 48$ kW 时)

		60	a) 驾驶员全身振动联合加权加速度:$\leqslant 2.6$ m/s²
			b) 座椅:
			  1) 机械式阻尼减振
			  2) 机械式高度和前后调整
			  3) 机械式重量调整
			c) 驾驶室:
			  1) 舒适驾驶室
			  2) 驾驶室冷暖风环境控制
			d) 方向盘:可伸缩和角度调节
			e) 功能性操纵布局:主副变速侧置,至少液压悬挂操纵、液压输出操纵集中布置
			f) 驾驶员操作位置处噪声水平[dB(A)]:
			  $\leqslant 88$(当标定功率<48 kW 时)
			  $\leqslant 89$(当标定功率$\geqslant 48$ kW 时)

		80	a) 驾驶员全身振动联合加权加速度:$\leqslant 2.4$ m/s²
			b) 座椅:
			  1) 空气悬浮减振
			  2) 机械式全姿态调整
			c) 驾驶室:
			  1) 封闭驾驶室
			  2) 驾驶室冷暖风环境控制
			d) 方向盘:可伸缩和角度调节
			e) 功能性操纵布局:主副变速侧置,至少动力输出轴操纵、液压悬挂操纵、液压输出操纵集中布置,电液控制
			f) 驾驶员操作位置处噪声水平[dB(A)]:
			  $\leqslant 86$(当标定功率<48 kW 时)
			  $\leqslant 87$(当标定功率$\geqslant 48$ kW 时)

表 A.1（续）

一级指标	二级指标	评分值,分	技术特征
其他	舒适性	100	a) 振动:驾驶员全身振动联合加权加速度:≤2.0 m/s² b) 座椅: 　1) 电动主动减振系统 　2) 自动带记忆姿态调整 　3) 可旋转座椅 c) 驾驶室: 　1) 封闭驾驶室 　2) 主动悬浮式驾驶室悬架 　3) 驾驶室冷暖风环境控制 d) 方向盘:可伸缩和角度调节 e) 功能性操纵布局: 　1) 全部电液控制 　2) 扶手带电液控制单元 f) 驾驶员操作位置处噪声水平[dB(A)]:≤80 dB(A)
	经济性能 (能效等级)ᵇ	40	能效等级:4 级
		60	能效等级:3 级
		80	能效等级:2 级
		100	能效等级:1 级
ᵃ 评价时二级指标对应分值的技术特征应全部满足,否则降低一档评价;对于标准暂未列出,但行业公认为高于本标准最高技术特征的情况,对应二级指标评价为100。 ᵇ 能效等级按 NY/T 2207 规定执行。			

附　录　B
（资料性附录）
部分技术特征说明

部分技术特征说明见表 B.1。

表 B.1　部分技术特征说明

序号	技术特征	说　　明
1	智能化	由现代通信与信息技术、计算机网络技术、行业技术、智能控制技术汇集而成的针对拖拉机上的应用
2	舒适性	对拖拉机驾驶室内乘坐环境、振动及操作性能的综合评价
3	经济性能	拖拉机的燃油经济性
4	环保性能	拖拉机的环保排放水平
5	工作装置	与农机具相连接的功能部件总称，包括所配备的液压悬挂系统（液压提升器、悬挂杆件和控制操纵）、液压输出装置、动力输出轴装置、牵引拖挂装置、挂车制动系统等
6	电气电子系统	由电气系统（电源、用电设备、电气线路）和电子系统（传感器、控制器及执行装置）组成
7	柴油机电控	用于控制柴油机启、停、工作、故障管理的控制单元，包含控制器、线束、传感器、系统软件等
8	总线技术	全称为"控制器局域网总线技术（Controller Area Network-BUS）"，总线网络用于各个控制单元间的数据传递与交换
9	电液控制差速锁	通过电子与液压控制系统，实现差速器的结合与分离的装置
10	电液控制四轮驱动	通过电子与液压控制系统，实现前驱动力结合与分离的装置
11	电液控制动力输出轴	通过电子与液压控制系统，实现动力输出的结合与分离的装置
12	电液控制三点悬挂装置	通过电子与液压控制系统，实现液压悬挂系统的设定、调节的装置，主要由控制单元、力位传感器、液压控制阀和悬挂杆件等构成
13	主控制器	主控制器（ECU）是一个微缩的计算机管理中心，以信号（数据）采集、计算处理、分析判断、决定对策作为输入，然后以发出控制指令，指挥执行器工作作为输出
14	工况动态监测	实时测量（监测）和显示机器工作状态或性能指标
15	故障报警	当机器工作状态异常时，具有发出提示和报警的功能
16	地头管理	通过一键式控制，拖拉机按照设定程序，在地头自动转弯，并自动完成多种操作动作（如差速锁结合与分离、前驱动桥结合分离、动力输出的结合与分离、提升器升降等），从而减轻驾驶员劳动强度和提高生产效率
17	自动辅助驾驶	自动辅助驾驶由卫星接收天线、显示器、高精度导航控制器、液压阀（或电机控制方向盘）、角位移传感器等部分组成。通过高精度的卫星导航系统，拖拉机可以按照驾驶员设定的路线自动行驶
18	自动驾驶	自动驾驶又称无人驾驶，是一种智能驾驶系统。车内配以计算机系统为主的智能驾驶仪、智能感应器和传感器等。通过高精度的卫星导航系统来实现拖拉机的无人驾驶
19	全姿态调整	拖拉机驾驶座具有座椅悬架刚度可调，座椅前后位置和左右角度可调节功能
20	机械阻尼减振座椅	悬架式驾驶座，即装有弹性悬架和减振器的驾驶座
21	空气悬浮减振座椅	座椅的悬架系统采用空气悬浮式减振原理，主要包括悬架机构、空气弹簧、可调式阻尼器和气动控制调节系统等
22	电动主动减振系统	座椅电动主动减振系统由电动机械系统控制座椅的运动。其特点是：具有外部能量输入和反馈控制环节，能够根据传感器检测到的位移、速度或加速度信号，主动地调整和产生所需的控制力，从而使座椅悬架上板的运动达到瞬时的动态平衡

表 B.1（续）

序号	技术特征	说　明
23	主动悬浮式驾驶室悬架	驾驶室悬架系统的刚度和阻尼特性能根据拖拉机的行驶条件(拖拉机的运动状态和路面状况等)进行动态自适应调节,使悬架系统始终处于最佳减振状态
24	黏性可变速风扇	以硅油等黏性液体为控制介质,可以将固定输入转速变换为两个或三个输出转速的风扇
25	电控可变速风扇	具备电子控制模块,随冷却介质的温度变化,可以适时输出多种转速的风扇
26	主、副离合器	主离合器、动力输出轴离合器
27	独立式主、副离合器	独立操纵的双作用离合器,即能各自独立操纵的主离合器与动力输出离合器组合体
28	Hi-Lo动力(负载)换挡	Hi-Lo动力(负载)换挡即具有高、低两挡的动力换挡。其中,Hi(high)为高挡;Lo(low)为低挡
29	动力(负载)换向	利用液压湿式离合器快速变换工作齿轮副实现在不切断动力情况下前进和倒退
30	电液控制离合器	通过油压控制阀和电子控制单元完成发动机动力传动的分离或结合
31	自动换挡	拖拉机在工作中能根据工况自动选择最合适的变速箱挡位
32	悬浮式前桥	在刚性前桥基础上增加悬浮机构和电子控制系统,使拖拉机在工作过程中能够实现自动减振功能,以减少拖拉机的振动
33	前驱动桥限滑装置	能自动使左、右前驱动半轴转矩不等输出,减少附着力较差一侧驱动轮滑转的装置
34	电控悬浮式前桥	通过控制总线(例如CAN)接收拖拉机的制动、速度、离合器以及拖拉机前部所处的高低位置等传感信号,能实时调节或缓冲拖拉机所受到的冲击,达到改善拖拉机驾驶的平顺性,改善拖拉机的牵引性能,达到驾驶的舒适性
35	双管路制动系统	拖拉机到挂车的制动器具有两路独立的管路,一路为挂车制动提供气源;另一路为控制管路,控制挂车的制动阀,实现挂车与拖拉机主机同步制动
36	ABS制动	制动防抱死系统(antilock brake system)简称ABS。作用就是在拖拉机制动时,自动控制制动器动力的大小,使车轮不被抱死,处于边滚边滑的状态,以保证车轮与地面的附着力在最大值
37	带快速挂接功能的悬挂装置	快速挂接装置,即便于将农机具连接到悬挂装置上的一种挂接装置
38	负载敏感液压输出系统	具有压差反馈的液压闭心系统,泵依据负载的需求快速和精确地调节输出流量和压力,以此节省功率
39	位调节	位置控制,即通过悬挂装置调节机具与拖拉机的相对位置来控制耕深
40	力调节	阻力控制,即通过传到悬挂装置上的机具牵引力变化信号自动控制耕深
41	力位综合调节	综合控制,即阻力和位置控制共同起作用来控制耕深

ICS 65.060.20
B 91

中华人民共和国农业行业标准

NY/T 3208—2018

旋耕机 修理质量

Repairing quality for rotary tillers

2018-03-15 发布
2018-06-01 实施

中华人民共和国农业部 发布

前　　言

本标准按照 GB/T 1.1—2009 给出的规则起草。

本标准由农业部农业机械化管理司提出。

本标准由全国农业机械标准化技术委员会农业机械化分技术委员会(SAC/TC 201/SC 2)归口。

本标准起草单位:河北省农机修造服务总站、农业部农业机械试验鉴定总站、河北双天机械制造有限公司、保定市农机工作站。

本标准主要起草人:孙世桢、童红欣、孙彦玲、王扬光、赵西哲、李江波、冯佐龙、韩继东、郭一、李少华。

旋耕机 修理质量

1 范围

本标准规定了旋耕机主要零部件、总成及整机的修理技术要求、安全要求、验收与交付、防护与储存。

本标准适用于拖拉机(手扶拖拉机除外)配套的卧式水、旱田旋耕机的修理质量评定。

2 规范性引用文件

下列文件对于本文件的应用是必不可少的。凡是注日期的引用文件,仅注日期的版本适用于本文件。凡是不注日期的引用文件,其最新版本(包括所有的修改单)适用于本文件。

GB/T 5668—2008 旋耕机

GB/T 5669 旋耕机械 刀和刀座

GB 10395.1 农林机械 安全 第1部分:总则

GB 10395.5 农林机械 安全 第5部分:驱动式耕作机械

GB 10396 农林拖拉机和机械、草坪和园艺动力机械 安全标志和危险图形 总则

3 术语和定义

下列术语和定义适用于本文件。

3.1

极限值 limiting value

零部件应进行修理或更换的技术指标数值。

3.2

修理验收值 repairing accept value

产品修理后应达到的技术指标数值。

4 修理技术要求

4.1 一般要求

4.1.1 检查与修理旋耕机应在平坦场地上进行,支撑可靠,且刀片与地面不应接触。

4.1.2 修理前,对整机附着物进行清理,检查并记录故障,判断故障原因,制订具体维修方案,签订农业机械维修合同。

4.1.3 拆装时,应按技术规范要求使用专用工具;对主要零部件的基础面或精加工面,应避免碰撞、敲击或损伤;对不能互换、有安装顺序位置要求的零部件,应做标记,按顺序拆装。螺栓及螺母应按规定紧固力矩和紧固顺序紧固及锁止。

4.1.4 拆解后,检测可用的零部件应进行清除油污结胶、除锈等处理。

4.1.5 装配前,应保证各零部件符合有关标准和技术要求,不应有变形、裂纹。

4.1.6 装配后,齿轮箱、轴承座、轴承盖等零部件结合部位应密封良好,不应有漏油、渗油现象。

4.2 齿轮箱

4.2.1 齿轮副损坏需要更换时,应成对更换。

4.2.2 装配锥齿轮副时,锥齿轮副齿侧间隙修理验收值为0.2 mm～0.5 mm;齿面接触印痕在齿宽方

向上修理验收值应不小于齿长的 40%,在齿高方向上修理验收值应不小于齿高的 40%,并且应均匀地分布在分度圆稍偏向小端附近。

4.2.3 花键轴与花键套键宽方向间隙大于 0.5 mm 时,应更换相应零件。

4.2.4 箱体有裂纹、漏油、螺纹孔损坏等现象应及时修复或更换。

4.2.5 轴承运转灵活无异响,否则应更换。

4.2.6 齿轮箱装配完成后,用手转动应平稳自如,无异响、卡滞现象。

4.3 机架

4.3.1 机架侧板变形,修复后平面度应小于 2 mm。

4.3.2 机架横梁在全长上的直线度极限值为 5 mm。

4.3.3 机架变形可进行整形修理,修理后应满足下列条件:
——机架横梁在全长上的直线度不大于 5 mm;
——机架横梁平行度不大于 5 mm。

4.4 刀轴和刀座

4.4.1 刀轴每米长度上的直线度大于 2.5 mm 时应校直。

4.4.2 刀轴轴承位磨损极限值为 0.03 mm,超过极限值应补焊或换轴头。

4.4.3 刀座工作平面与刀轴中心线垂直度修理验收值不大于 3 mm,修理后刀座应符合 GB/T 5669 的规定。

4.4.4 刀轴修复安装后,其空载转动力矩应不大于 20 N·m。

4.5 旋耕刀

4.5.1 更换旋耕刀时,应选择同一型号。旋耕刀应符合 GB/T 5669 的规定。

4.5.2 旋耕刀在旋转半径方向上磨损量大于 20 mm 时应更换。

4.6 整机装配

4.6.1 齿轮箱、机架、刀轴、刀座处承受载荷的主要紧固件的强度等级及拧紧力矩应符合 GB/T 5668—2008 中 5.5.2 的规定。

4.6.2 旋耕机维修、安装、调整完成后,按正常的工作转速和转向空运转不少于 15 min。空运转期间应工作平稳,无卡碰和异响。停机后,检查下列项目:
——紧固性:各连接件紧固件不得松动;
——密封件:无渗油、漏油现象。

4.6.3 修理后的整机或零部件外表裸露部分应按原件的要求进行涂漆或表面处理。

5 安全要求

5.1 修理后的旋耕机万向节及刀轴等传动部位设置的护罩、护板等防护装置,应保持齐全完好且安装牢固。护罩的颜色应按照原机的颜色要求涂漆。维修后整机的安全技术要求应符合 GB 10395.1 和 GB 10395.5 的规定。

5.2 修理后的旋耕机在试运转时,人与旋耕机应保持安全距离。

5.3 修理后的旋耕机安全标识应齐全,且应符合 GB 10396 的规定。

6 验收与交付

6.1 整机或零部件修理后,其性能和技术参数达到本标准的规定为修理合格。

6.2 整机或零部件修理后,应经过检验,对不合格的应进行返修处理。

6.3 整机或零部件修理合格后,应经维修双方签字确认。承修方应向送修方提交相关验收资料。

6.4 对交付用户的旋耕机,应按农业机械维修合同规定执行保修。

7 防护与储存

7.1 旋耕机停放应有防止倾倒及旋耕刀接触地面的可靠支撑。

7.2 旋耕机应储存在室内干燥通风的地方,储存前应检查机具的外观,清除机具上的泥草、油污。长时间储存应在有关裸露部位补漆或涂刷防锈油。

ICS 65.060.99
B 92

中华人民共和国农业行业标准

NY/T 3209—2018

铡草机 安全操作规程

Chopper—Code of safe operation

2018-03-15 发布   2018-06-01 实施

中华人民共和国农业部 发布

前　言

本标准按照 GB/T 1.1—2009 给出的规则起草。

本标准由农业部农业机械管理司提出。

本标准由全国农业机械标准化技术委员会农业机械化分技术委员会(SAC/TC 201/SC 2)归口。

本标准起草单位:内蒙古自治区农牧业机械试验鉴定站。

本标准主要起草人:吴鸣远、高云燕、荣杰、王靖、张晓敏、周风林、王强。

铡草机 安全操作规程

1 范围

本标准规定了铡草机安全操作的基本条件、作业准备和铡切作业时的安全操作要求。

本标准适用于铡草机的安全操作。

2 基本条件

2.1 机器条件

2.1.1 铡草机应获得国家规定的生产许可证,并有出厂合格证。

2.1.2 铡草机的安全装置、安全标志应齐全,功能应正常。

2.1.3 不得使用报废、非法拼(改)装的铡草机。

2.1.4 铡草机应按使用说明书要求安装、固定、调试和选择配套动力,不得改变主轴转速。

2.2 人员条件

2.2.1 操作人员应熟悉机器的使用方法,能够按使用说明书的规定进行维护和保养。

2.2.2 有下列情况之一的人员不得使用铡草机:

　　a) 孕妇、未成年人和不具备安全行为能力的;

　　b) 酒后或服用国家管制的精神药品和麻醉药品的;

　　c) 患有妨碍安全操作的疾病或疲劳的。

2.3 使用条件

2.3.1 工作场地应平坦、宽敞、通风、远离火源。

2.3.2 工作场地应备有防火设备。

2.3.3 以电动机为动力时,电源电压范围应符合产品使用说明书要求,电源线应绝缘可靠。

3 作业准备

3.1 使用铡草机前,操作者应详细阅读使用说明书,了解使用说明书中安全操作规程和危险部位安全标志所提示的内容。

3.2 操作人员宜穿紧身衣服,扎紧领口、袖口,不得戴手套,长发者应将长发盘起并戴工作帽。

3.3 铡草机的防护装置应齐全可靠,动、定刀片紧固螺栓应使用高强度螺栓。

3.4 更换零部件时,应按使用说明书要求或在有经验的维修人员指导下进行。

3.5 电动机、电器应有接地保护,应合理布线,避免线路与操作人员接触。

3.6 以内燃机为动力时,排气管应设防火装置,排气口应避开可燃物。

3.7 电动机或内燃机与铡草机连接后,应对传动机构进行安全防护。

3.8 动、定刀片间隙应符合使用说明书要求,调整物料切段长度挡位。

3.9 用手转动铡草机,各运转部件应灵活可靠。

3.10 物料应符合使用说明书要求,不应有金属、沙石等硬杂物。

3.11 启动前,离合器应处于分离状态。

3.12 作业前在额定转速下进行 5 min 空运转,铡草机应运转正常、平稳,无异常声响;操纵机构灵活可靠,无自行脱挡;刀盘旋转方向正确;各连接件和紧固件无松动现象。

3.13 空运转若有异常,应立即停机检查,按照使用说明书进行调整。

4 铡切作业

4.1 操作人员应按使用说明书要求均匀、连续喂料。

4.2 操作人员喂料时,应站在喂料口的侧面,以防硬物从喂入口飞出伤人。

4.3 操作人员不得触及旋转、剪切、挤压等危险运动件,如传动轴、传送带、喂入辊、皮带轮等。

4.4 铡草机排料口处不得站人。

4.5 铡草机作业时,喂入口防护罩上不得站人及放置物品。

4.6 铡草机出现异常时应立即停机并切断动力,不得在机器运转时清理堵塞物或排除故障。

4.7 排除故障时拆卸的防护装置应及时恢复,确认安全后方可重新启动。

4.8 铡切作业后,应运转至排料口不再有物料排出后,分离离合器,切断动力。

4.9 停机后,应及时清理铡草机内外的残留物和附着物。

ICS 65.060.01
B 90

中华人民共和国农业行业标准

NY/T 3210—2018

农业通风机 性能测试方法

Test method for performance of agricultural ventilation fans

2018-03-15 发布

2018-06-01 实施

中华人民共和国农业部 发布

前　言

本标准按照 GB/T 1.1—2009 给出的规则起草。

本标准由农业部农业机械化管理司提出。

本标准由全国农业机械标准化技术委员会农业机械化分技术委员会(SAC/TC 201/SC 2)归口。

本标准起草单位:农业部规划设计研究院、西安交通大学流体机械国家专业实验室、青岛高烽电机有限公司。

本标准主要起草人:王莉、张义云、刘卫孟、李恺。

引　言

在温室和畜禽舍等农业设施中,通风是控制室内温度、湿度、气体成分等设施内部环境的重要手段,对于获得高质量农作物产品和健康畜禽产品至关重要。设施农业生产,需要长期、大量地采用风机进行通风,消耗电能。风机运行电能消耗是农业生产能耗和影响经济效益的主要因素,并且无法通过避开峰值用电时间来进行运行时间管理,而提高风机的能源转换效率是减少能耗切实可行的办法。

提高风机能源转换效率的技术措施包括选用高效节能风机和风机在高效率工况点运行两个方面,其实施的前提是风机制造商应提供完整的风机性能试验数据。

本标准集中关注农业通风机的性能测试,明确了农业通风机的定义、风机流量-静压、风机流量-总静效率、风机流量-通风能效等性能参数的测试方法,明确了可采用的试验装置类型,明确了待测风机条件和测试报告涵盖内容等,是采用 GB/T 1236—2017《工业通风机　用标准化风道性能试验》标准进行风机性能测试时的补充要求。

农业通风机　性能测试方法

1　范围

本标准规定了温室、畜禽舍等农业设施墙体安装的恒速无管道农业通风机的术语和定义，试验风机要求，试验装置、风机安装和操作方法，参数测量、换算和能效参数计算，测试报告等。

本标准适用于农业通风机（以下简称风机）性能测试。

2　规范性引用文件

下列文件对于本文件的应用是必不可少的。凡是注日期的引用文件，仅注日期的版本适用于本文件。凡是不注日期的引用文件，其最新版本（包括所有的修改单）适用于本文件。

GB/T 1236—2017　工业通风机　用标准化风道性能试验

3　术语和定义

下列术语和定义适用于本文件。

3.1

农业通风机　agricultural ventilation fans

由螺旋桨叶轮、机壳、电机、百叶窗或反向气流挡板、拢风筒、防护网及其他配件组成的用于农业设施进行室内外空气交换的轴流风机机组。

3.2

风机流量　fan airflow

风机单位时间输送的空气（滞止密度状态下）进口容积量。

3.3

标准空气　standard air

大气压力为101.325 kPa、温度为20℃、相对湿度为40%状态下的空气，该状态下空气密度为1.2 kg/m³。

3.4

风机压力　fan pressure

风机出口总压与风机进口总压之差，也即风机出口滞止压力与风机进口滞止压力之差。

3.5

风机动压　fan dynamic pressure

由风机出口平均速度计算得到的动压。

3.6

风机静压　fan static pressure

风机压力与风机动压之差，也即风机出口静压与风机进口总压之差。

3.7

风机静空气功率　fan static air power

风机进口容积流量与风机静压的乘积。

3.8

电机输入功率　motor input power

电机驱动装置接线端子上供给的电功率。

3.9

风机总静效率　fan overall static efficiency

风机静空气功率与电机输入功率的比值。

3.10

叶轮转速　rotational speed of the impeller

风机叶轮每分钟的转数。

3.11

通风能效　ventilation efficiency rating

风机流量与电机输入功率的比值,也称风量功率比,用 VER 表示。风机静压 25 Pa 时的通风能效表示为 VER_{25}。

3.12

风机性能曲线　fan characteristic curve

表示一定条件下风机流量与风机压力、静压、功率、效率及通风能效等性能参数之间关系的曲线。

3.13

工况点　point of operation

风机性能曲线上对应于特定风机流量的位置点,风机试验时通过调节节流装置、改变喷嘴气流或辅助风机的流量进行控制,风机实际工作时是系统的阻力曲线与风机的流量-压力性能曲线的交点。

3.14

流量比　airflow ratio（AFR）

风机静压 50 Pa 对应的风机流量与 10 Pa 对应风机流量的比值。

4　试验风机要求

4.1　待测风机应包括机壳、螺旋桨叶轮、电机、驱动装置(皮带驱动风机应包括皮带、带轮、轴承和皮带张紧装置等)、百叶窗或可替代的反向气闸、防护网。所有部件应装配完好,叶轮转动灵活,百叶窗风门或气闸扇片应开合自如。

4.2　供货风机机组带有拢风筒、风帽或其他引导风向的附件时,应装配完整后测试。

4.3　供货风机机组在风机叶片非保护侧带有防护网、防护罩或配备防虫网时,应装配完整后测试。

5　试验装置、风机安装和操作方法

5.1　农业通风机属于 GB/T 1236—2017 规定的 A 类使用类型,试验安装应采用进口侧风室型,且在风室与风机进口之间不可增加辅助接口,在风机出口不可增加接管。

5.2　标准试验装置型式和试验方法宜采用 GB/T 1236—2017 规定的风室中多喷嘴流量测定标准装置类型(见附录 A.1.1),可采用 GB/T 1236—2017 规定的锥形进口流量测定的标准装置类型(见附录 A.1.2),不应采用 GB/T 1236—2017 规定的其他标准装置类型。

5.3　风机安装方式与农业设施中使用时的墙体安装方式一致。

5.4　可采用增加温度测点(见图 A.1 中的 T_7)来测定空气密度的方法。

5.5　试验操作应符合 GB/T 1236—2017 的规定。

5.6　测试读取数据前,风机应至少运行 20 min。

6　参数测量、换算和能效参数计算

6.1　性能参数

风机性能参数见表1。

表 1 风机性能参数

序号	参数名称	符号
1	风机静压	p_s
2	风机流量	Q
3	叶轮转速	n
4	电机输入功率	P_e
5	风机总静效率	η_{es}
6	通风能效	VER
7	流量比	AFR

6.2 参数测量与换算

6.2.1 大气压、温度、湿度、叶轮转速、尺寸的测量,所使用仪器、仪表要求及测量方法应符合 GB/T 1236—2017 的规定。

6.2.2 面积、压力、流量的测定,应按照 GB/T 1236—2017 中规定的方法执行。

6.2.3 采集风机性能数据的工况点应不少于6点,风机静压间隔应不大于10 Pa,风机压力应达到能测至风机流量接近0的数据。

6.2.4 风机压力、风机静压、风机流量等性能参数的结果换算应按照 GB/T 1236—2017 中不可压缩流体的换算规则进行,采用增加温度测点确定空气密度时,测试结果计算方法见 A.2。

6.2.5 电机输入功率应在电机接线端子上测量,对应每个工况点均应测量。电压、电流、功率测量仪表的精确度应不超过下列误差范围:

    a) 电压(V):±1.0%读数;

    b) 电流(A):±1.0%读数;

    c) 功率(W):±1.0%读数。

6.3 能效参数计算

6.3.1 风机总静效率按式(1)计算。

$$\eta_{es} = \frac{P_{us}}{P_e} \quad\cdots\cdots\cdots\cdots\cdots\cdots\cdots\cdots\cdots\cdots\cdots\cdots\cdots\cdots\cdots\cdots \text{（1）}$$

式中:

η_{es}——风机总静效率,无量纲或换算为百分率(%);

P_{us}——风机静空气功率,按式(2)计算。

$$P_{us} = \frac{Q \times p_s}{3600} \quad\cdots\cdots\cdots\cdots\cdots\cdots\cdots\cdots\cdots\cdots\cdots\cdots\cdots\cdots \text{（2）}$$

式中:

Q ——风机流量,单位为立方米每小时(m^3/h);

p_s ——风机静压,单位为帕(Pa)。

6.3.2 通风能效按式(3)计算。

$$\text{VER} = \frac{Q}{P_e} \quad\cdots\cdots\cdots\cdots\cdots\cdots\cdots\cdots\cdots\cdots\cdots\cdots\cdots\cdots\cdots \text{（3）}$$

式中:

VER——通风能效,单位为立方米每小时每瓦[$m^3/(h \cdot W)$];

P_e ——电机输入功率,单位为瓦(W)。

6.3.3 流量比按式(4)计算。

$$\text{AFR} = \frac{Q_{50}}{Q_{10}} \quad\cdots\cdots\cdots\cdots\cdots\cdots\cdots\cdots\cdots\cdots\cdots\cdots\cdots\cdots \text{（4）}$$

式中：

AFR——流量比；

Q_{50} ——风机静压 50 Pa 对应的风机流量；

Q_{10} ——风机静压 10 Pa 对应的风机流量。

7 测试报告

7.1 试验风机情况记录

7.1.1 应记录风机制造商名称、风机商标标识、风机型号标识，并应以图像形式记录风机外观和特征。

7.1.2 应对风机部件进行描述，记录下列内容，下列部件有缺项时应在报告中另注明：

    a) 电机铭牌数据：制造商、型号、功率、电流、电压、功率因素和转速；

    b) 驱动方式描述：直联或皮带驱动，皮带驱动时的主、被动带轮直径；

    c) 机壳描述：材料和尺寸；

    d) 螺旋桨叶片描述：直径、叶片数量和材料；

    e) 防护罩描述：护网线间距离和位置（进口侧/出口侧）；

    f) 百叶窗（反向气闸）描述：风门数、列数（栏数）、风门长度和位置（入口/出口），反向气闸的形式和扇片数。

7.1.3 带拢风筒、风帽或其他引导风向的附件时，应描述和记录其形式、装配位置和尺寸，应记录拢风筒的深度和口径。

7.1.4 应列出其他附带的配件和尺寸。

7.2 测试结果

7.2.1 测试结果应换算为标准空气下的风机性能，测试报告应按表 2 所示形式给出数据结果。

表 2 风机性能数据

风机静压 Pa	风机流量 m³/h	叶轮转速 r/min	电机输入功率 W	风机总静效率 无量纲或%	通风能效 m³/(h·W)	流量比
0						
10						
20						
30						
40						
50						
60						
…						

7.2.2 应绘制下列风机性能曲线：

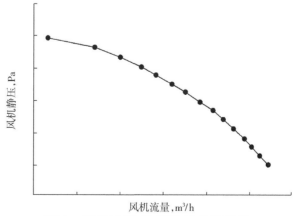

图 1 风机流量-静压性能曲线示意

a) 风机流量-静压性能曲线(见图 1);

b) 风机流量-总静效率性能曲线(见图 2);

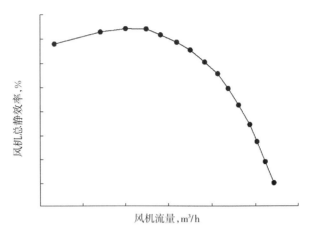

图 2 风机流量-总静效率性能曲线示意

c) 风机流量-通风能效性能曲线(见图 3)。

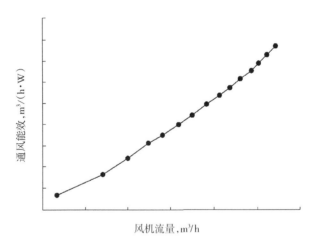

图 3 风机流量-通风能效性能曲线示意

附 录 A
（规范性附录）
标准试验装置及结果计算补充

A.1 标准试验装置

A.1.1 多喷嘴测定流量法

多喷嘴测定流量的进口侧风室标准试验装置如图 A.1 所示。

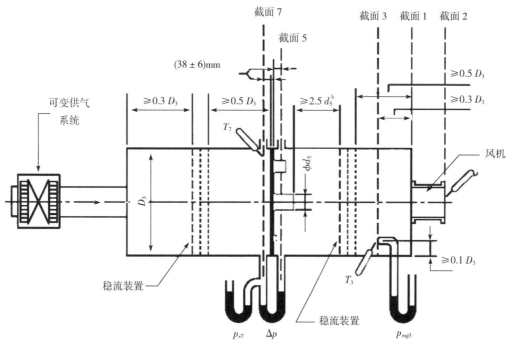

说明：
截面 1——试验风机进口截面；
截面 2——试验风机出口截面；
截面 3——进口侧风室的压力测量截面；
截面 5——喷嘴出口侧 Δp 测量截面；
截面 7——喷嘴进口侧 Δp 测量截面；

D_3——截面 3 的风室内截面水力直径：$D_3 = \dfrac{4 \times 截面积}{截面的周长}$；

d_5——喷嘴喉部直径；
T_3——在截面 3 测得的空气干球温度；
T_7——在截面 7 测得的空气干球温度；
p_{e7}——截面 7 的空气平均表压；
p_{esg3}——截面 3 的空气平均滞止压力；
Δp——压差。

b 取最大喷嘴的直径。

图 A.1 进口侧风室标准试验装置——多喷嘴测定流量法

A.1.2 锥形进口测定流量法

锥形进口测定流量的进口侧风室标准试验装置如图 A.2 所示。

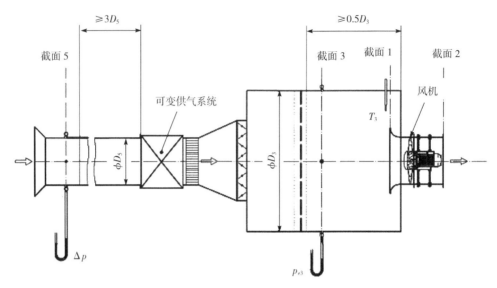

说明：

截面1——试验风机进口截面；

截面2——试验风机出口截面；

截面3——进口侧风室的压力测量截面；

截面5——皮托静压管测定流量时的测头孔口截面；

D_x——截面 x 的圆形风道内径、圆形风室内径、方形或矩形风

室水力直径：$D_x = \dfrac{4 \times \text{截面积}}{\text{截面的周长}}$，$x$ 代表位置，指1、2、3……

截面；

T_3——在截面3测得的空气干球温度；

p_{e3}——截面3的空气平均表压；

Δp——压差。

图 A.2　进口侧风室标准试验装置——锥形进口测定流量法

A.2　增加温度测点的结果计算补充

喷嘴上游密度计算时，GB/T 1236—2017中风室进气试验没有测量 T_7，用大气温度代替，按式(A.1)计算。测量 T_7 时，按式(A.2)计算。

$$\Theta_7 = \Theta_{sg7} = T_a + 273.15 \quad\cdots\cdots\cdots\cdots\cdots\cdots\cdots\cdots\cdots (A.1)$$

式中：

Θ_7——截面7上的空气温度，单位为开尔文(K)；

Θ_{sg7}——截面7上的滞止温度，单位为开尔文(K)；

T_a——大气温度，单位为摄氏度(℃)。

$$\Theta_7 = \Theta_{sg7} = T_7 + 273.15 \quad\cdots\cdots\cdots\cdots\cdots\cdots\cdots\cdots\cdots (A.2)$$

式中：

T_7——截面7上的温度，单位为摄氏度(℃)。

参 考 文 献

[1]ANSI/AMCA 210‐07(ANSI/ASHRAE 51‐07)Laboratory Methods of Testing Fans for Certified Aerodynamic Performance Rating.

[2]ASABE S565 2005(R2015)Agricultural Ventilation Constant Speed Fan Test Standard.

[3]ASAE EP566 DEC01 2003 Guidelines for Selection of Energy Efficient Agricultural Ventilation Fans.

[4]ASAE EP566.1 Aug2008 Guidelines for Selection of Energy Efficient Agricultural Ventilation Fans.

[5]ASAE EP566.2 Jun2012(R2016)Guidelines for Selection of Energy Efficient Agricultural Ventilation Fans.

[6]ISO 5801:2007 Industrial Fans—Performance Testing Using Standardized Airways.

参 考 文 献

ICS 65.060.01
B 90

中华人民共和国农业行业标准

NY/T 3211—2018

农业通风机　节能选用规范

Specification for selection of energy efficient agricultural ventilation fans

2018-03-15 发布

2018-06-01 实施

中华人民共和国农业部 发布

前　言

本标准按照 GB/T 1.1—2009 给出的规则起草。

本标准由农业部农业机械化管理司提出。

本标准由全国农业机械标准化技术委员会农业机械化分技术委员会(SAC/TC 201/SC 2)归口。

本标准起草单位:农业部规划设计研究院、西安交通大学流体机械国家专业实验室、江阴市顺成空气处理设备有限公司、青岛高烽电机有限公司、江阴市菊花畜牧机械有限公司。

本标准主要起草人:王莉、张义云、张耀顺、李恺、刘卫孟、朱伟栋。

引　言

在温室和畜禽舍等农业设施中,通风是控制室内温度、湿度、气体成分等设施内部环境的重要手段,对于获得高质量农作物产品和健康畜禽产品至关重要。设施农业生产,需要长期、大量地采用风机进行通风,消耗电能。风机运行的电能消耗是农业生产能耗和影响经济效益的主要因素,并且无法通过避开峰值用电时间来进行运行时间管理,而提高风机的能源转换效率是减少风机能耗切实可行的办法。

选用节能风机、工程设计时充分考虑节能因素以及风机使用时做好维护工作均利于节约能源,可以耗用较少电能实现等量通风。

本标准确定了节能风机选用和风机在高效率工况点使用的参数指标和技术方法,为农业设施工程设计风机选型考虑风机运行系统节能性、风机使用者购置风机考虑节能风机性能、风机成本和运行费用时使用。

农业通风机　节能选用规范

1　范围

本标准规定了农业通风机节能选用的术语和定义、选用原则、工况点的风机总静效率范围、节能风机的通风能效和流量比、风机运行节能经济效益计算等内容。

本标准适用于农业通风机(以下简称风机)的节能选用。

2　规范性引用文件

下列文件对于本文件的应用是必不可少的。凡是注日期的引用文件,仅注日期的版本适用于本文件。凡是不注日期的引用文件,其最新版本(包括所有的修改单)适用于本文件。

NY/T 3210　农业通风机　性能测试方法

3　术语和定义

下列术语和定义适用于本文件。

3.1

农业通风机　agricultural ventilation fans

由螺旋桨叶轮、机壳、电机、百叶窗或反向气流挡板、拢风筒、防护网及其他配件组成的用于农业设施进行室内外空气交换的轴流风机机组。

3.2

风机流量　fan airflow

风机单位时间输送的空气(滞止密度状态下)进口容积量。

3.3

风机静压　fan static pressure

风机压力与风机动压之差,也即风机出口静压与风机进口总压之差。

3.4

风机工作静压　fan static pressure at work

运行工况下的风机静压,是由于进风口、湿帘、排风口、风机护网、百叶窗、室外风等障碍的气流阻力形成的建筑内外空气压力差。

3.5

电机输入功率　motor input power

电机驱动装置接线端子上供给的电功率。

3.6

风机静空气功率　fan static air power

风机进口容积流量与风机静压的乘积。

3.7

风机总静效率　fan overall static efficiency

风机静空气功率与电机输入功率的比值。

3.8

通风能效　ventilation efficiency rating

风机流量与电机输入功率的比值,也称风量功率比,用 VER 表示。风机静压 25 Pa 时的通风能效表示为 VER_{25}。

3.9

风机性能曲线 fan characteristic curve

表示一定条件下风机流量与风机压力、静压、功率、效率及通风能效等性能参数之间关系的曲线。

3.10

工况点 point of operation

风机性能曲线上对应于特定风机流量的位置点,风机试验时通过调节节流装置、改变喷嘴气流或辅助风机的流量进行控制,风机实际工作时是系统的阻力曲线与风机的流量-压力性能曲线的交点。

3.11

流量比 airflow ratio(AFR)

风机静压 50 Pa 对应的风机流量与 10 Pa 对应风机流量的比值。

4 选用原则

4.1 风机流量、风机静压、风机总静效率、通风能效、流量比等风机性能参数的测定应符合 NY/T 3210 的规定。

4.2 风机运行使用时的风机流量和风机静压应尽量接近设施通风系统工艺要求的流量和静压,风机运行时的工况点应在风机总静效率最高的范围,应符合 5.1 的要求。

4.3 节能风机的通风能效和流量比应符合 6.1 和 6.2 的要求。

4.4 选用风机时应考虑风机运行节能产生的经济效益,可依据风机年运行费用和寿命期总费用的比较计算进行选择,计算方法见第 7 章。

4.5 设施通风采用多台风机组成通风系统时,在条件允许情况下,应尽可能选择大流量、少台数的风机组合配置方案。

5 工况点的风机总静效率范围

5.1 选择风机时,应使风机实际工况点的实际风机总静效率不低于风机总静效率峰值的 90%,如图 1 所示。

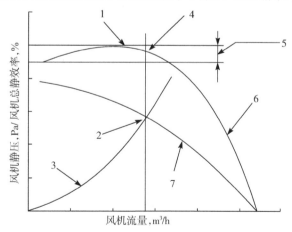

说明:
1——风机总静效率峰值;
2——工况点;
3——通风阻力曲线;
4——实际风机总静效率;

5——风机总静效率峰值的 10%;
6——风机流量-总静效率曲线;
7——风机流量-静压曲线。

图 1 按风机总静效率选择风机示意

5.2 温室、畜禽舍墙体安装的农业通风机的典型工作静压范围为 10 Pa～60 Pa，如果有湿帘装置或与管道连接时为 60 Pa～125 Pa。通常静压为 25 Pa～35 Pa 时的风机流量是静压为 0 Pa 时的 80%。风机工作静压参见表 1。

表 1　典型农业通风机工作静压

风机运行条件	风机工作静压，Pa
无风和无障碍	10～25
通过湿帘通风	25～125
粪坑排风	50～125
有室外风作用下的通风	25～125

6　节能风机的通风能效和流量比

6.1　节能风机的通风能效应不低于表 2 和表 3 所示的推荐值。

表 2　节能风机的最小通风能效推荐值

风机静压，Pa	通风能效 m³/（h·W）		
	600 mm～800 mm 风机	800 mm～1 100 mm 风机	1 100 mm 以上风机
0.0	21.4	31.1	33.4
10.0	20.1	28.5	30.8
20.0	18.8	25.9	28.2
30.0	17.5	23.3	25.6
40.0	16.2	20.7	22.7
50.0	14.9	17.5	19.1
60.0	13.0	13.9	15.9

表 3　节能风机的最小流量比推荐值

风机尺寸，mm	VER_{25}，m³/（h·W）	流量比（AFR）
450	13.9	0.74
500	13.9	0.74
600	18.0	0.74
900	24.5	0.69
1 200	26.9	0.69
1 300	26.9	0.69
1 400	29.9	0.67
1 500	33.0	0.67

6.2　节能风机的流量比应不低于表 3 所示的推荐值。

6.3　当风机工作静压不明确或制造商提供的风机性能数据不全时，可通过比较 2 台风机的流量比，选择流量比较大的风机。流量比高和流量比低的风机流量-风机静压性能曲线如图 2 所示。

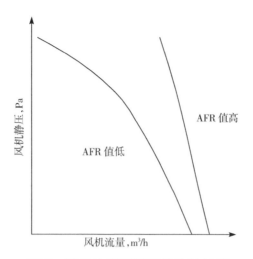

图 2 流量比不同风机的比较示意

7 风机运行节能经济效益计算

7.1 风机能耗计算

多工况点运行的风机年能耗值由各工况点(见图 3)的电机输入功率和运行时间按式(1)计算。

$$E_y = P_{e1}T_1 + P_{e2}T_2 + P_{e3}T_3 \cdots\cdots\cdots\cdots\cdots\cdots\cdots\cdots\cdots\cdots (1)$$

式中:

E_y ——风机运行年能耗值,单位为瓦时(W·h);

P_{e1}、P_{e2}、P_{e3}——分别为风机在工况点 1、2、3 运行时的电机输入功率,单位为瓦(W);

T_1、T_2、T_3 ——分别为风机在工况点 1、2、3 的估计运行时间,单位为小时(h)。

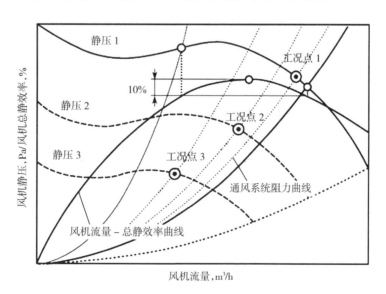

图 3 风机各工况点运行示意

7.2 运行费用比较

选择节能风机时的年运行费用节省值按式(2)计算。

$$C_E = 0.001 \times \left(\frac{Q_{P1}}{VER_1} - \frac{Q_{P2}}{VER_2} \right) \times T_a \times R_e \cdots\cdots\cdots\cdots\cdots\cdots (2)$$

式中：

C_E ——风机年运行费用节省值，单位为元；

VER_1、VER_2——分别为 1 号风机和 2 号风机在工况点运行时的通风能效，其中 1 号风机的通风能效低于 2 号风机的通风能效，单位为立方米每小时每瓦[$m^3/(h \cdot W)$]；

Q_{P1}、Q_{P2} ——分别为 1 号风机和 2 号风机在工况点运行时的风机流量，单位为立方米每小时（m^3/h）；

T_a ——年平均运行时间，单位为小时（h）；

R_e ——电价，单位为元每千瓦时[元/($kW \cdot h$)]。

7.3 寿命期总费用比较

选择节能风机时的寿命期总费用节省值按式（3）计算。

$$C_L = \left(\frac{T_L}{T_a} \times C_E \right) - (C_{P1} - C_{P2}) \quad\cdots\cdots\cdots\cdots\cdots\cdots\cdots\cdots\text{（3）}$$

式中：

C_L ——风机寿命期总费用节省值，单位为元；

T_L ——风机寿命，单位为小时（h）；

C_{P1}、C_{P2}——分别为 1 号风机和 2 号风机的购置费用，单位为元。

ICS 65.060.01
B 90

中华人民共和国农业行业标准

NY/T 3212—2018

拖拉机和联合收割机登记证书

Tractor and combine-harvester register certificate

2018-03-15 发布

2018-06-01 实施

中华人民共和国农业部 发布

前　言

本标准按照 GB/T 1.1—2009 给出的规则起草。

本标准由农业部农业机械化管理司提出。

本标准由全国农业机械标准化技术委员会农业机械化分技术委员会(SAC/TC 201/SC 2)归口。

本标准起草单位:农业部农机监理总站。

本标准主要起草人:毕海东、王聪玲、柴小平、蔡勇、杨云峰、王超、王桂显、杨声站。

拖拉机和联合收割机登记证书

1 范围

本标准规定了拖拉机和联合收割机登记证书的技术要求、检验、包装、运输及储存。

本标准适用于拖拉机和联合收割机登记证书(以下简称证书)的制作。

2 规范性引用文件

下列文件对于本文件的应用是必不可少的。凡是注日期的引用文件,仅注日期的版本适用于本文件。凡是不注日期的引用文件,其最新版本(包括所有的修改单)适用于本文件。

GB/T 191 包装储运图示标志

GB/T 2260 中华人民共和国行政区划代码

GB/T 22467.1 防伪材料通用技术条件 第1部分:防伪纸

3 技术要求

3.1 证书封皮式样

3.1.1 证书封皮采用紫棕色(蓝色 C:66,红色 M:85,黄色 Y:100,黑色 K:61)25 丝胶化纸和 230 g 卡纸。封面中英文文字采用烫金压凸工艺,封底无文字。

3.1.2 所有中文文字均为华文中宋,字号:"中华人民共和国"26 pt;"拖拉机和联合收割机登记证书" 36 pt;"中华人民共和国农业部制"22 pt;所有英文文字均为 Times New Roman;字号:"People's Republic of China"18 pt;"Tractor and combine-harvester Register Certificate "24 pt;"Made by Ministry of Agriculture of the People's Republic of China"12 pt。

3.1.3 封皮衬里采用 95 g 防伪水印纸,水印文字为"拖拉机和联合收割机登记证书",36 pt 华文中宋;水印图案为农机监理主标志图案(见附录 A),大小为 35 mm×30 mm。水印纸的各项指标应符合 GB/T 22467.1 的规定。

3.1.4 证书封面格式和内容的尺寸应符合附录 B 的规定。

3.2 证书内页式样

3.2.1 证书内页采用封皮衬里纸张。

3.2.2 证书内页共 6 页,第 1 页"印制流水号:"和"登记证书编号:"为 11 pt 宋体;表格外框线条和内部线条宽度为 1 pt。"第×页"为 11 pt 宋体,第 1 页至第 5 页的标题文字为 13 pt 黑体;表格内文字和序号为 9.5 pt 宋体。第 6 页"重要提示"为 14 pt 华文中宋;"一、本证书是拖拉机和联合收割机已办理登记的证明文件,由农业(农业机械)主管部门农机安全监理机构签发,不随拖拉机和联合收割机携带。二、本证书灭失、丢失或损坏的,原所有人应及时申请补发或者换发。三、拖拉机和联合收割机所有权转移时,原所有人应持本证书至农机安全监理机构进行变更,并将本证书交给现所有人。"为 11 pt 华文中宋。"Attention"为 15 pt Times New Roman。"1. This certificate,issued by Agricultural Mechanical Safety Supervision Agency of Agricultural(Agricultural Mechanical)Management Department,is a document to prove the registration of a tractor or combine-harvester and is not to be taken with the tractor or combine-harvester. 2. When the certificate is disappeared,lost or destroyed, owner of the tractor or combine-harvester should timely apply for reissuing or recertificating of a new one. 3. When the ownership is transferred,owner of the tractor or combine-harvester should go to Agricultural Mechanical

Safety Supervision Agency for information updating, the certificate should also be transferred with the tractor or combine-harvester. "为 9 pt Times New Roman。

3.2.3 证书内页的格式和内容的尺寸应符合附录 C 的规定。

3.3 规格尺寸

成品折叠后,长为(206±1) mm,宽为(140±1) mm,相邻边线应垂直,圆角半径为(5±0.1) mm。

3.4 印制流水号

印制流水号为 8 位阿拉伯数字,前 2 位为印制企业代码,后 6 位为顺序号,编排从 000001 到 999999 止;字体为五号宋体,颜色为红色。

3.5 外观质量

文字清晰,位置准确,颜色符合 3.1.1 的要求。

3.6 印刷

3.6.1 证书内页表格和文字采用普通胶印印刷,套印位置上下允许偏差 2 mm,左右允许偏差 2 mm。印刷要求无缺色,无透印,版面整洁,无脏、花、糊,无缺笔断道。底纹颜色采用粉红色(蓝色 C:0,红色 M:30,黄色 Y:20,黑色 K:0)。

3.6.2 印制流水号的套印位置上下允许偏差 3 mm,左右允许偏差 3 mm。要求无错号、重号、串号、缺号。

3.6.3 烫金、套印上下允许偏差 2 mm,左右允许偏差 2 mm。

3.7 裱糊和装订

3.7.1 证书封皮与衬里、衬里与证书内页通过裱糊和缝线成本式证书。

3.7.2 内页缝线采用防拆线。缝线以中线为标准,不得有开线、少页、混页,顺序一致。表格上下、左右的间距误差不得超过 2 mm。

3.7.3 证书封皮与衬里、衬里与证书内页采用胶粘剂裱糊。裱糊位置准确,装订要求平整,封面胶合无气泡,不开胶,胶层厚度均匀一致,无起粒、过底渗透现象。

3.7.4 裁切尺寸准确,内页不藏折角,不倒页,证书两端模切不带线头,切脚圆滑无刀花毛刺。

4 检验

生产企业按照本标准的技术要求制定产品质量检验规程,并实施检验。

5 包装、运输及储存

5.1 包装

证书以本为单位,每 50 本为一个小包装,小包装应平整、无破损、防水、防潮,且用防水防潮纸板箱进行加封。包装内应有合格证,合格证上应至少包含产品名称、数量、生产单位名称、出厂日期、检验人员章。包装箱体上应有"勿受潮湿"等标志。标志的使用应符合 GB/T 191 的要求。

5.2 运输

证书在运输过程中,应采取防雨和防潮措施。

5.3 储存

证书半成品及成品仓库的相对湿度≤80%。

附　录　A

（规范性附录）

农机监理主标志图案

农机监理主标志图案见图 A.1。

图 A.1　农机监理主标志图案

附　录　B

（规范性附录）

拖拉机和联合收割机登记证书封面格式

拖拉机和联合收割机登记证书封面格式见图 B.1。

单位为毫米

图 B.1　拖拉机和联合收割机登记证书封面格式

附　录　C
（规范性附录）
拖拉机和联合收割机登记证书内页格式

证书内页格式见图 C.1～图 C.6。

单位为毫米

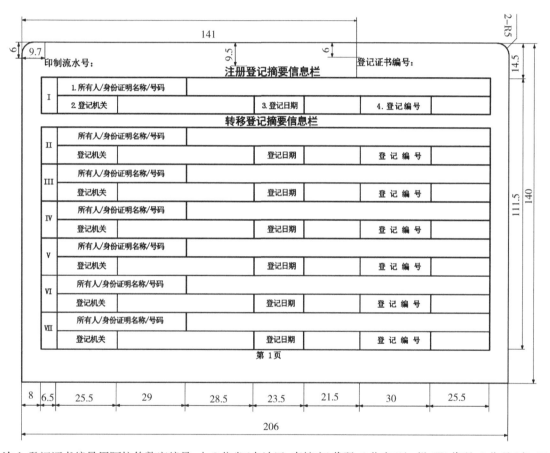

注1:登记证书编号用阿拉伯数字编号,由2位省(自治区、直辖市)代码、2位市(地、州、盟)代码、2位县(市、区、旗)代码和6位顺序号四部分共12位数字组成。省市县代码应符合GB/T 2260的规定,6位顺序号的编排从000001到999999止。

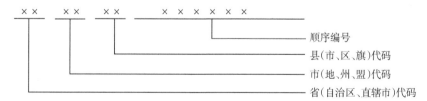

注2:登记证书编号应使用专用打印机打印,字体为五号宋体。

图 C.1　第 1 页格式

单位为毫米

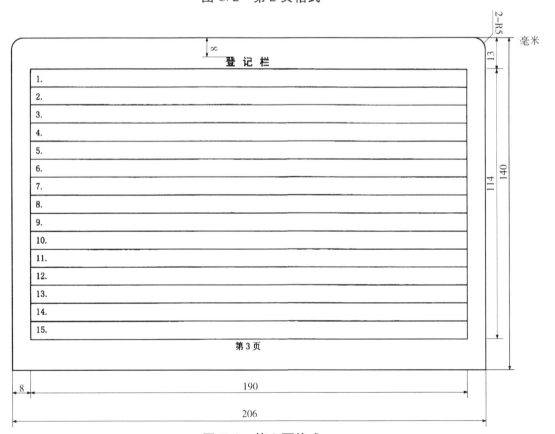

注册登记信息栏

5. 类 型		6. 品 牌	
7. 型 号 名 称		8. 国 产 / 进 口	
9. 生 产 企 业 名 称		10. 功 率	kW
11. 发 动 机 型 号		12. 发 动 机 号 码	
13. 底盘号/ 机架号		14. 出 厂 编 号	
15. 机 身 颜 色		16. 转 向 操 纵 方 式	
17. 轮 轴 数		18. 轴 距	mm
19. 割 台 宽 度	mm	20. 准 乘 人 数	人

21. 外 廓 尺 寸	长 宽 高 mm	28. 发证机关章
22. 拖拉机最小使用质量	kg	23. 拖拉机最大允许载质量	kg	
24. 联合收割机质量	kg	25. 获 得 方 式	
26. 燃 料 种 类		27. 生 产 日 期		29. 发证日期

第 2 页

图 C.2 第 2 页格式

单位为毫米

登 记 栏

1.
2.
3.
4.
5.
6.
7.
8.
9.
10.
11.
12.
13.
14.
15.

第 3 页

图 C.3 第 3 页格式

单位为毫米

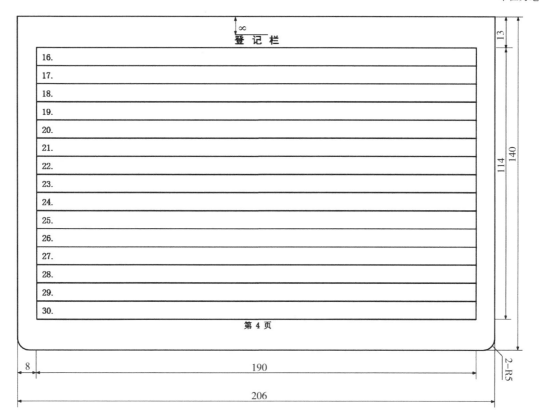

图 C.4　第 4 页格式

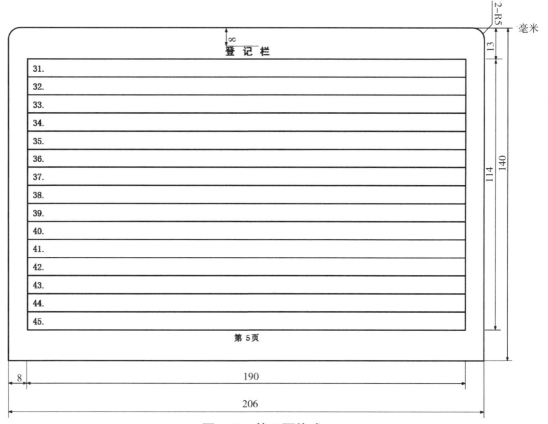

图 C.5　第 5 页格式

单位为毫米

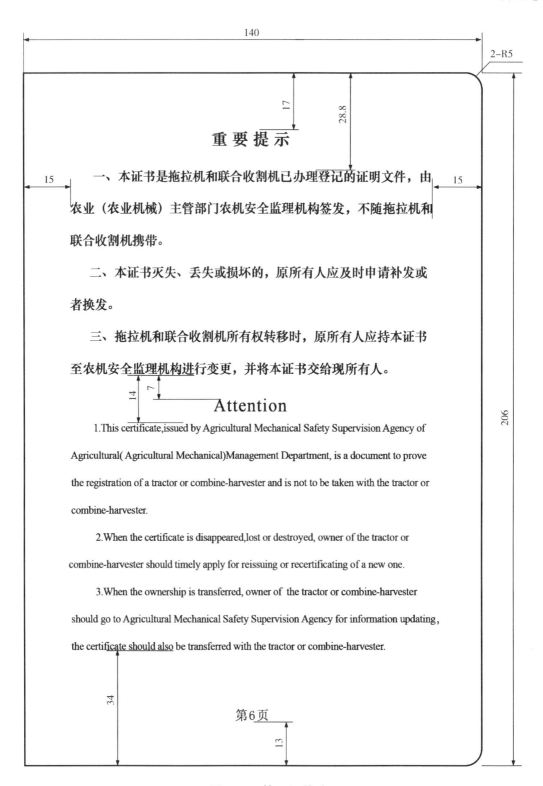

重 要 提 示

一、本证书是拖拉机和联合收割机已办理登记的证明文件，由农业（农业机械）主管部门农机安全监理机构签发，不随拖拉机和联合收割机携带。

二、本证书灭失、丢失或损坏的，原所有人应及时申请补发或者换发。

三、拖拉机和联合收割机所有权转移时，原所有人应持本证书至农机安全监理机构进行变更，并将本证书交给现所有人。

Attention

1.This certificate,issued by Agricultural Mechanical Safety Supervision Agency of Agricultural(Agricultural Mechanical)Management Department, is a document to prove the registration of a tractor or combine-harvester and is not to be taken with the tractor or combine-harvester.

2.When the certificate is disappeared,lost or destroyed, owner of the tractor or combine-harvester should timely apply for reissuing or recertificating of a new one.

3.When the ownership is transferred, owner of the tractor or combine-harvester should go to Agricultural Mechanical Safety Supervision Agency for information updating, the certificate should also be transferred with the tractor or combine-harvester.

第6页

图 C.6　第 6 页格式

ICS 65.060.40
B 91

中华人民共和国农业行业标准

NY/T 3213—2018

植保无人飞机　质量评价技术规范

Technical specification of quality evaluation for crop protection UAS

2018-03-15 发布

2018-06-01 实施

中华人民共和国农业部 发布

前　言

本标准按照 GB/T 1.1—2009 给出的规则起草。

本标准由农业部农业机械化管理司提出。

本标准由全国农业机械标准化技术委员会农业机械化分技术委员会(SAC/TC 201/SC 2)归口。

本标准起草单位:农业部南京农业机械化研究所、中国农业机械化协会。

本标准主要起草人:薛新宇、杨林、孙竹、顾伟、刘燕、张宋超、秦维彩。

植保无人飞机　质量评价技术规范

1　范围

本标准规定了植保无人飞机的型号编制规则、基本要求、质量要求、检测方法和检验规则。

本标准适用于植保无人飞机的质量评定。

2　规范性引用文件

下列文件对于本文件的应用是必不可少的。凡是注日期的引用文件,仅注日期的版本适用于本文件。凡是不注日期的引用文件,其最新版本(包括所有的修改单)适用于本文件。

GB/T 2828.11—2008　计数抽样检验程序　第 11 部分:小总体声称质量水平的评定程序

GB/T 5262　农业机械试验条件　测定方法的一般规定

GB/T 9254　信息技术设备的无线电骚扰限值和测量方法

GB/T 9480　农林拖拉机和机械、草坪和园艺动力机械　使用说明书编写规则

GB 10396　农林拖拉机和机械、草坪和园艺动力机械　安全标志和危险图形　总则

GB/T 17626.3　电磁兼容　试验和测量技术　射频电磁场辐射抗扰度试验

GB/T 18678　植物保护机械　农业喷雾机(器)药液箱额定容量和加液孔直径

JB/T 9782—2014　植物保护机械　通用试验方法

3　术语和定义

下列术语和定义适用于本文件。

3.1

旋翼无人飞机　unmanned rotor aircraft

由旋翼、机体、动力装置、机载电子电气设备等组成,由无线电遥控或自身程序控制的飞行装置。

3.2

植保无人飞机　crop protection UAS

配备农药喷洒系统,用于植保作业的旋翼无人飞机。

3.3

飞行控制系统　flight control system

对植保无人飞机的航迹、姿态、速度等参数进行单项或多项控制的系统。

3.4

地面控制端　ground control station

由中央处理器、通信系统、监测显示系统、遥控系统等组成,对接收到的植保无人飞机的各种参数进行分析处理,并能对植保无人飞机的航迹进行修改和操控的系统。

3.5

作业控制模式　application control mode

植保无人飞机进行作业所采取的飞行控制方式,分为手动控制模式和自主控制模式两种。

3.6

手动控制模式　manual control mode

通过人工操作遥控器控制飞行航迹和作业任务等的作业控制模式。

3.7

自主控制模式 autonomous control mode

根据预先设定的飞行参数和作业任务等进行作业的控制模式。

3.8

空机质量 net weight

不包含药液、燃料和地面设备的植保无人飞机整机质量,包含药液箱质量、油箱质量或电池等固有装置质量。

3.9

额定起飞质量 rated take-off weight

植保无人飞机能正常作业的最大质量,包含空机质量以及额定容量的药液、燃料质量。

3.10

最大起飞质量 maximum take-off weight

植保无人飞机能够起飞的最大质量,包含空机质量和最大负载的质量。

3.11

药液箱额定容量 rated tank capacity

制造商明示的且能正常作业的载药量。

3.12

作业高度 application altitude

植保无人飞机作业时机具喷头与受药面的相对距离。

3.13

单架次 single pesticide application

自起飞至返航补充药液的一次完整连续飞行作业过程。

3.14

单架次最大作业时间 single application time

植保无人飞机在额定起飞质量条件下,单架次内在田间作业的最长时间。

3.15

最大续航时间 maximum endurance

植保无人飞机在额定起飞质量条件下,自起飞至喷洒完所有药液后安全着陆,能维持的最长飞行时间。

3.16

电子围栏 electronic fence

为阻挡植保无人飞机侵入特定区域(包含机场禁空区、重点区、人口稠密区等),在相应电子地理范围中画出特定区域,并配合飞行控制系统、保障区域安全的软硬件系统。

4 型号编制规则

植保无人飞机产品型号由植保无人飞机分类代号、特征代号和主参数代号等组成,产品型号表示方法为:

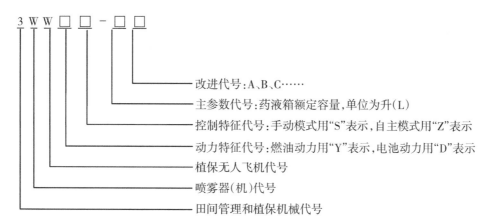

注:同时具备两种作业控制模式的植保无人飞机以自主控制模式代号表示。

示例:3WWDZ-20B表示电动自主型植保无人飞机,药液箱额定容量为20 L,第二次改进型。

5 基本要求

5.1 质量评价所需的文件资料

对植保无人飞机进行质量评价所需文件资料应包括:

a) 产品规格确认表(见附录A);

b) 企业产品执行标准或产品制造验收技术条件;

c) 产品使用说明书;

d) 三包凭证;

e) 样机照片3张(正前方、正侧方、正前上方45°俯视各1张)。

5.2 主要技术参数核对与测量

依据产品使用说明书、铭牌和其他技术文件,对样机的主要技术参数按表1的要求进行核对或测量。

表 1 核测项目与方法

序号	项目			方法
1	机具名称			核对
2	整机型号			核对
3	飞行控制系统			核对
4	空机质量,kg			测量
5	额定起飞质量,kg			测量
6	工作压力,MPa			核对
7	工作状态下的外型尺寸(长×宽×高),mm			测量(不含旋翼、喷杆,含天线)
8	旋翼		材质	核对
			主旋翼数量,个	核对
			直径,mm	测量
9	药液箱		材质	核对
			额定容量,L	核对
10	喷头		型式	核对
			数量,个	核对
11	喷杆长度,mm			测量(沿喷幅方向最远喷头之间的距离)
12	液泵		型式	核对
			流量,L/min	核对
13	配套动力	发动机	功率,kW	核对
			转速,r/min	核对
			油箱容量,L	核对

表 1（续）

序号	项目			方法
13	配套动力	电动机	KV 值,r/(min·V)	核对
			额定功率,W	核对
14	电池		电压,V	核对
			容量,mAh	核对
注:主旋翼数量不包括尾旋翼,有尾旋翼的,应注明尾旋翼数量和直径。				

5.3 试验条件

5.3.1 试验介质

除特殊要求外,试验介质为常温下不含固体杂质的清水。

5.3.2 试验环境

5.3.2.1 除特殊要求外,室内外试验环境的温度应为 5℃～45℃,相对湿度应为 20%～95%;室外试验环境的海拔高度应为 0 m～800 m,环境平均风速应为 0 m/s～3 m/s,最大风速应不超过 5.4 m/s。

5.3.2.2 室外试验应选取空旷的露天场地,场地面积应满足植保无人飞机日常作业要求,场地表面有植被覆盖。

5.3.3 试验样机

试验样机应按使用说明书的规定,进行安装和调试,达到正常状态后,方可进行试验。

5.4 主要仪器设备

试验用仪器设备应经过计量检定或校验合格且在有效期限内。仪器设备的量程、测量准确度应不低于表 2 的规定。

表 2 主要仪器设备测量范围和准确度要求

序号	测量参数	测量范围	准确度要求
1	长度	0 m～5 m	1 mm
		5 m～200 m	1 cm
2	角度	0°～180°	1°
3	转速	0 r/min～10 000 r/min	0.5%
4	时间	0 h～24 h	1 s/d
5	质量	0 kg～200 kg	0.05 kg
6	压力	0 MPa～1.6 MPa	0.4 级
7	风速	0 m/s～10 m/s	10%FS
8	温度	-20℃～50℃	1℃
9	相对湿度	0%～100%	3%
10	水平定位	0 m～200 m	0.1 m
11	高度定位	0 m～50 m	0.15 m

6 质量要求

6.1 一般要求

6.1.1 植保无人飞机在温度 60℃ 和相对湿度 95% 环境条件下,进行 4 h 的耐候试验后,应能正常作业。

6.1.2 植保无人飞机应能在 $(6±0.5)$ m/s 风速的自然环境中正常飞行。

6.1.3 植保无人飞机在常温条件下按使用说明书规定的操作方法起动 3 次,其中成功次数应不少于 1 次。

6.1.4 植保无人飞机应具有药液和燃料(电量)剩余量显示功能,且应便于操作者观察。

6.1.5 植保无人飞机空载和满载悬停时,不应出现掉高或坠落等现象。

6.1.6 同时具备手动控制模式和自主控制模式的植保无人飞机,应能确保飞行过程中两种模式的自由切换,且切换时飞行状态应无明显变化。

6.1.7 植保无人飞机应配备飞行信息存储系统,每秒至少存储1次,实时记录并保存飞行作业情况。存储系统记录的内容至少应包括:植保无人飞机身份信息、位置坐标、飞行速度、飞行高度。

6.1.8 植保无人飞机应具备远程监管系统通信功能。

6.1.9 承压软管上应有永久性标志,标明其制造商和最高允许工作压力;承压管路应能承受不小于最高工作压力1.5倍的压力而无渗漏。

6.1.10 药液箱总容量和加液口直径应符合GB/T 18678的要求。

6.1.11 正常工作时,各零部件及连接处应密封可靠,不应出现药液和其他液体泄漏现象。

6.2 性能要求

植保无人飞机主要性能指标应符合表3的规定。

表3 性能指标要求

序号	项目		质量指标	对应的检测方法条款号
1	手动控制模式飞行性能		操控灵活,动作准确,飞行状态平稳	7.3.1
2	自主控制模式飞行精度	偏航距(水平),m	≤0.5	7.3.2
		偏航距(高度),m	≤0.5	
		速度偏差,m/s	≤0.5	
3	续航能力		最大续航时间与单架次最大作业时间之比应不小于1.2	7.3.3
4	残留液量,mL		≤30	7.3.4
5	过滤装置	过滤级数	≥2	7.3.5
		加液口过滤网网孔尺寸,mm	≤1	
		末级过滤网网孔尺寸,mm	≤0.7	
6	防滴性能		喷雾关闭5s后每个喷头的滴漏数应不大于5滴	7.3.6
7	喷雾性能	喷雾量偏差	≤5%	7.3.7.1
		喷雾量均匀性变异系数	≤40%	7.3.7.2
8	作业喷幅		不低于企业明示值	7.3.8
9	纯作业小时生产率		不低于企业明示值	7.3.9

6.3 安全要求

6.3.1 外露的发动机、排气管等可产生高温的部件或其他对人员易产生伤害的部位,应设置防护装置,避免人手或身体触碰。

6.3.2 对操作者有危险的部位,应固定永久性的安全标识,在机具的明显位置还应有警示操作者使用安全防护用具的安全标识,安全标识应符合GB 10396的规定。

6.3.3 植保无人飞机空机质量应不大于116 kg,最大起飞质量应不大于150 kg。

6.3.4 植保无人飞机应具有限高、限速、限距功能。

6.3.5 植保无人飞机应配备电子围栏系统。

6.3.6 植保无人飞机对通信链路中断、燃料(电量)不足等情形应具有报警和失效保护功能。

6.3.7 植保无人飞机应具有避障功能,至少应能识别树木、草垛和电线杆等障碍物,并避免发生碰撞。

6.3.8 植保无人飞机应具有电磁兼容能力,其通信与控制系统辐射骚扰限值按GB/T 9254的规定,应满足表4的要求;其射频电场辐射抗扰度按GB/T 17626.3试验方法应达到表5的B级要求。

表 4 电磁兼容-辐射骚扰限值

频率	测量值	限值 dB,μV/m
30 MHz～230 MHz	准峰值	50
230 MHz～1 GHz	准峰值	57
1 GHz～3 GHz	平均值/峰值	56/76
3 GHz～6 GHz	平均值/峰值	60/80

表 5 电磁兼容-射频电场辐射抗扰度

等级	功能丧失或性能降低的程度	备注
A	各项功能和性能正常	试验样品功能丧失或性能降低现象有:
B	未出现现象①或现象②。出现现象③或现象④,且在干扰停止后 2 min(含)内自行恢复,无需操作者干预	①测控信号传输中断或丢失;
C	未出现现象①或现象②。出现现象③或现象④,且在干扰停止 2 min后仍不能自行恢复,在操作者对其进行复位或重新启动操作后可恢复	②对操控信号无响应或飞行控制性能降低;
D	出现现象①或现象②;或未出现现象①或现象②,但出现现象③或现象④,且因硬件或软件损坏、数据丢失等原因不能恢复	③喷洒设备对操控信号无响应;④其他功能的丧失或性能的降低

6.4 装配和外观质量

6.4.1 装配应牢固可靠,容易松脱的零部件应装有防松装置。

6.4.2 各零部件及连接处应密封可靠,不应出现药液和其他液体泄漏现象。

6.4.3 外观应整洁,不应有毛刺和明显的伤痕、变形等缺陷。

6.5 操作方便性

6.5.1 保养点设计应合理,便于操作,过滤装置应便于清洗。

6.5.2 药液箱设计应合理,加液方便,在不使用工具情况下能方便、安全排空,不污染操作者。

6.5.3 电池、旋翼和喷头等零部件应便于更换。

6.6 可靠性

植保无人飞机首次故障前作业时间应不小于 40 h。

6.7 使用信息

6.7.1 使用说明书

植保无人飞机的制造商或供应商应随机提供使用说明书。使用说明书的编制应符合 GB/T 9480 的规定,至少应包括以下内容:

　　a) 起动和停止步骤;

　　b) 地面控制端介绍;

　　c) 安全停放步骤;

　　d) 运输状态机具布置;

　　e) 清洗、维护和保养要求;

　　f) 有关安全使用规则的要求;

　　g) 在处理农药时,应当遵守农药生产厂所提供的安全说明;

　　h) 安装、故障处理说明;

　　i) 危险与危害一览表及应对措施;

　　j) 制造商名称、地址和电话。

6.7.2 三包凭证

植保无人飞机应有三包凭证,至少应包括以下内容:

　　a) 产品名称、型号规格、购买日期、产品编号;

b) 制造商名称、地址、电话和邮编；

c) 销售者和修理者的名称、地址、电话和邮编；

d) 三包项目；

e) 三包有效期(包括整机三包有效期、主要部件质量保证期以及易损件和其他零部件的质量保证期,其中整机三包有效期和主要部件质量保证期不得少于一年)；

f) 主要部件清单；

g) 销售记录(包括销售者、销售地点、销售日期、购机发票号码)；

h) 修理记录(包括送修时间、交货时间、送修故障、修理情况、换退货证明)；

i) 不承担三包责任的情况说明。

6.7.3 铭牌

在植保无人飞机醒目位置应有永久性铭牌。铭牌内容应清晰可见,至少应包括以下内容：

a) 型号、名称；

b) 空机质量、药液箱额定容量、最大起飞质量；

c) 发动机功率或电机功率和电池容量等主要技术参数；

d) 产品执行标准编号；

e) 生产日期和出厂编号；

f) 制造商名称。

7 检测方法

7.1 试验条件测定

按照 GB/T 5262 的规定测定温度、湿度、大气压力、海拔、风速等气象条件。

7.2 一般要求试验

7.2.1 环境适应性测试

将植保无人飞机放置在温度 60℃、相对湿度 95% 的试验箱内,机体任意点与试验箱壁距离不小于 0.3 m,静置 4 h 后取出,在室温下再静置 1 h。然后加注额定容量试验介质,按照使用说明书规定进行飞行作业,观察植保无人飞机工作是否正常。

7.2.2 抗风性能测试

植保无人飞机在额定起飞质量条件下置于风向稳定、风速为(6±0.5)m/s 的自然风或人工模拟风场中,操控其起飞、前飞、后飞、侧飞、转向、悬停、着陆等,观察其是否正常工作。

7.2.3 起动性能测试

试验前,植保无人飞机在室温下静置 1 h。按使用说明书规定的操作方法起动,试验进行 3 次,每次间隔 2 min。每次起动前,在不更换零件的条件下允许做必要的调整。

7.2.4 药液和燃料(电量)剩余量显示功能检查

检查植保无人飞机的地面控制端是否能实时显示药液箱药液剩余量、燃料(电量)剩余量、地面控制端电量剩余量。

7.2.5 悬停性能测试

注满燃油(使用满电电池),分别在空载和满载条件下,操控植保无人飞机在一定飞行高度保持悬停,直至其发出燃油(电量)不足报警后着陆,观察其飞行状态是否正常,记录起飞至着陆总时间。

7.2.6 作业控制模式切换稳定性检查

植保无人飞机在正常飞行状态下,控制其在手动控制模式和自主控制模式间进行自由切换,观察切换过程中机具的飞行姿态是否平滑,且不出现坠落、偏飞等失控现象。

7.2.7 飞行信息存储系统检查

7.2.7.1 操控植保无人飞机在测试场地内模拟田间施药飞行作业 5 min 以上。

7.2.7.2 待返航着陆后,检查其是否将本次飞行数据进行了加密存储。

7.2.7.3 读取本次飞行作业过程的前 5 min 的记录数据。检查加密存储数据内容是否涵盖了本次飞行的速度、高度、位置信息,是否涵盖了其制造商、型号、编号信息。

7.2.7.4 检查飞行数据的更新频率。

7.2.8 远程监管通信功能检查

按 7.2.7 试验结束后,检查机具远程监管系统中是否有本次飞行的位置信息、飞行速度、飞行高度及操作者的身份信息。

7.2.9 承压性能测试

检查承压软管标志。管路耐压试验按 JB/T 9782—2014 中 4.10.2 规定的方法进行。

7.2.10 药液箱总容量和加液孔直径测试

7.2.10.1 向药液箱加注试验介质至溢出,测量箱内试验介质体积,即药液箱总容量。

7.2.10.2 测量药液箱加液孔直径,若配有漏斗等转接装置,则测量转接装置的加液口直径。

7.2.10.3 按 GB/T 18678 的规定检查药液箱总容量与药液箱额定容量关系及加液口直径是否满足要求。

7.2.11 密封性能测试

植保无人飞机加注额定容量试验介质,在最高工作压力下喷雾,直至耗尽试验介质,检查过程中零部件及连接处、各密封部位有无松动,是否有药液和其他液体泄漏现象。

7.3 性能试验

7.3.1 手动控制模式飞行性能测试

7.3.1.1 在额定起飞质量条件下,以手动控制模式操控植保无人飞机飞行,保持其在某高度悬停 10 s,期间不允许操作遥控器,目测机具的悬停状态是否稳定。

7.3.1.2 向植保无人飞机发送单独的前飞、后飞、左移、右移控制指令,各方向飞行距离应大于 30 m。目测飞行过程中植保无人飞机动作是否正确,姿态、高度、速度是否出现波动。

7.3.2 自主控制模式飞行精度测试

7.3.2.1 在试验场地内预设飞行航线,航线长度不小于 120 m,航线高度不大于 5 m,飞行速度为 3 m/s~5 m/s。

7.3.2.2 在额定起飞质量条件下,操控植保无人飞机以自主控制模式沿航线飞行,同时以不大于 0.1 s 的时间间隔对植保无人飞机空间位置进行连续测量和记录(测量设备可参见附录 B),如图 1 所示。重

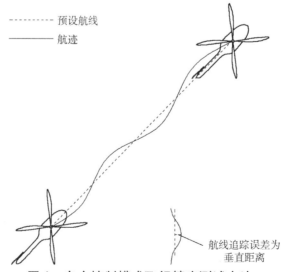

图 1 自主控制模式飞行精度测试方法

复 3 次。

7.3.2.3 将记录的航迹经纬度坐标按 cgcs2000 的格式进行直角坐标转换;植保无人飞机的空间位置坐标记为 (x_i, y_i, z_i), $i=0,1,2,\cdots,n$, 其中 $i=0$ 时为飞行过程中剔除加速区间段的稳定区开始位置, $i=n$ 时为飞行过程中剔除减速区间段的稳定区终止位置。

7.3.2.4 整条航线的平面位置坐标记为 $ax+by+c=0$, a、b、c 系数依据航线方向和位置而定,按式 (1)～式(3)分别计算偏航距(水平)L_i、偏航距(高度)H_i 和速度偏差 V_i,测量值应为测量区间内计算的最大值。

$$L_i = \frac{|ax_i + by_i + c|}{\sqrt{a^2 + b^2}} \qquad (i=0,1,2,\cdots,n) \cdots\cdots\cdots\cdots\cdots (1)$$

式中:

L_i——偏航距(水平),单位为米(m);

x_i——采集航迹点位置的东西方向坐标值,单位为米(m);

y_i——采集航迹点位置的南北方向坐标值,单位为米(m)。

$$H_i = |z_i - z_{set}| \qquad (i=0,1,2,\cdots,n) \cdots\cdots\cdots\cdots\cdots (2)$$

式中:

H_i——偏航距(高度),单位为米(m);

z_i——采集航迹点位置的高度坐标值,单位为米(m);

z_{set}——预设航线的高度坐标值,单位为米(m)。

$$V_i = |v_i - v_{set}| \qquad (i=0,1,2,\cdots,n) \cdots\cdots\cdots\cdots\cdots (3)$$

式中:

V_i——速度偏差,单位为米每秒(m/s);

v_i——采集航迹点位置的飞行速度,单位为米每秒(m/s);

v_{set}——预设的飞行速度,单位为米每秒(m/s)。

7.3.3 续航能力测试

注满燃油(使用满电电池),加入额定容量的试验介质。操控植保无人飞机在测试场地内以 3 m/s 飞行速度、3 m 飞行高度及制造商明示喷药量的最小值模拟田间施药,在其发出药液耗尽的提示信息后,选取离起飞点较近的合适位置,保持机具悬停,直至其发出燃油(电量)不足报警后着陆,记录单架次最大作业时间为 t_1、起飞至着陆总时间 t_2。计算 t_2/t_1 数值,重复 3 次,取最小值。

7.3.4 残留液量测试

按 7.3.3 试验结束后,测量残留液量。

7.3.5 过滤装置检查

检查过滤装置设置情况,并用显微镜或专用量具测出过滤网的网孔尺寸、圆孔测直径、方形孔测量最大边长。

7.3.6 防滴性能测试

植保无人飞机在额定工作压力下进行喷雾,停止喷雾 5 s 后计时,观察出现滴漏现象的喷头数,计数各喷头 1 min 内滴漏的液滴数。

7.3.7 喷雾性能测试

7.3.7.1 喷雾量偏差测试

在额定工作压力下以容器承接雾液,每次测量时间 1 min～3 min,重复 3 次,计算每分钟平均喷雾量,再根据额定喷雾量计算喷头喷雾量偏差。

7.3.7.2 喷雾量均匀性变异系数测试

7.3.7.2.1 将植保无人飞机以正常作业姿态固定于集雾槽上方,集雾槽的承接雾流面作为受药面应覆盖整个雾流区域,植保无人飞机机头应与集雾槽排列方向垂直。

7.3.7.2.2 植保无人飞机加注额定容量试验介质,在旋翼静止状态下,以制造商明示的最佳作业高度进行喷雾作业。若制造商未给出最佳作业高度,则以 2 m 作业高度喷雾。

7.3.7.2.3 使用量筒收集槽内沉积的试验介质,当其中任一量筒收集的喷雾量达到量筒标称容量的90%时或喷完所有试验介质时,停止喷雾。

7.3.7.2.4 记录喷幅范围内每个量筒收集的喷雾量,并按式(4)~式(6)计算喷雾量均匀性变异系数。

$$\bar{q} = \frac{\sum_{i=1}^{n} q_i}{n} \quad \cdots\cdots\cdots\cdots\cdots\cdots\cdots\cdots\cdots\cdots\cdots\cdots (4)$$

式中:

$\bar{q}$——喷雾量平均值,单位为毫升(mL);

q_i——各测点的喷雾量,单位为毫升(mL);

n——喷幅范围内的测点总数。

$$S = \sqrt{\frac{\sum_{i=1}^{n} (q_i - \bar{q})^2}{n-1}} \quad \cdots\cdots\cdots\cdots\cdots\cdots\cdots\cdots\cdots (5)$$

式中:

S——喷雾量标准差,单位为毫升(mL)。

$$V = \frac{S}{\bar{q}} \times 100 \quad \cdots\cdots\cdots\cdots\cdots\cdots\cdots\cdots\cdots\cdots\cdots\cdots (6)$$

式中:

V——喷雾量分布均匀性变异系数,单位为百分率(%)。

7.3.8 作业喷幅测试

7.3.8.1 将采样卡(普通纸卡或水敏纸)水平夹持在 0.2 m 高的支架上,在植保无人飞机预设飞行航线的垂直方向(即沿喷幅方向),间隔不大于 0.2 m 或连续排列布置。若使用普通纸卡作为采样卡时,则试验介质应为染色的清水。

7.3.8.2 植保无人飞机加注额定容量试验介质,以制造商明示的最佳作业参数进行喷雾作业。若制造商未给出最佳作业参数,则以 2 m 作业高度、3 m/s 飞行速度,进行喷雾作业。在采样区前 50 m 开始喷雾,后 50 m 停止喷雾。

7.3.8.3 计数各测点采样卡收集的雾滴数,计算各测点的单位面积雾滴数,作业喷幅边界的 2 种确定方法:

a) 从采样区两端逐个测点进行检查,两端首个单位面积雾滴数不小于 15 滴/cm² 的测点位置作为作业喷幅 2 个边界;

b) 绘制单位面积雾滴数分布图,该分布图单位面积雾滴数为 15 滴/cm² 的位置作为作业喷幅 2 个边界,如图 2 所示。

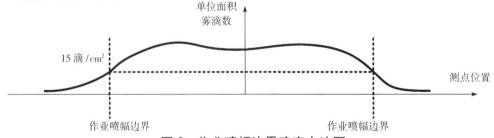

图 2 作业喷幅边界确定方法图

7.3.8.4 作业喷幅边界间的距离为作业喷幅。试验重复 3 次,取平均值。允许在一次试验中布置 3 行采样卡代替 3 次重复试验,采样卡行距不小于 5 m。

7.3.9 纯作业小时生产率测试

计算纯作业小时生产率应确保植保无人飞机每公顷施药量不低于 12 L,按式(7)计算。

$$W_s = \frac{U}{T_s} \quad\cdots\cdots\cdots\cdots\cdots\cdots\cdots\cdots\cdots\cdots\cdots\cdots\cdots\cdots\cdots\cdots \quad (7)$$

式中:

W_s ——纯喷药小时生产率,单位为公顷每小时(hm^2/h);

U ——班次作业面积,单位为公顷(hm^2);

T_s ——纯喷药时间,单位为小时(h)。

7.4 安全性能试验

7.4.1 安全防护装置检查

7.4.1.1 检查发动机、排气管的安装位置是否处于人体易触碰的区域。

7.4.1.2 检查机体上其他对人员易产生伤害的部位是否设置了防护装置。

7.4.2 安全标识检查

7.4.2.1 检查植保无人飞机的旋翼、发动机、药液箱、排气管、电池等对操作者有危害的部位是否有永久性安全标识。

7.4.2.2 检查植保无人飞机机身明显位置是否具有警示操作者使用安全防护用具的安全标识。

7.4.3 最大起飞质量限值确认

7.4.3.1 植保无人飞机注满燃油(使用满电电池)。在机身加挂配重至其总质量达到 150 kg,加挂配重时应考虑机身重心偏移,必要时可在起落架底部钩挂系留绳索,操控植保无人机飞机起飞,若其无法离地升空,则判定其最大起飞质量小于 150 kg。

7.4.3.2 若植保无人飞机离地升空,则重新加挂配重至总质量 151 kg,重复起飞动作,观察其能否再次离地升空,判定其最大起飞质量是否超过 150 kg。

7.4.4 限高、限速和限距功能测试

7.4.4.1 限高测试

在手动控制模式下操控植保无人飞机持续提升飞行高度,直至其无法继续向上飞行,并保持该状态 5 s 以上即认定为达到限高值,测量此时机具相对起飞点的最大飞行高度。

7.4.4.2 限速测试

在手动控制模式下操控植保无人飞机平飞,逐渐增加飞行速度,直至其无法继续加速,并保持该速度 5 s 以上即认定为达到限速值,测量此时机具相对于地面的飞行速度。

7.4.4.3 限距测试

在手动控制模式下操控植保无人飞机平飞,逐渐远离起飞点,直至其无法继续前进即认定为达到限距值,测量此时其相对于起飞点的飞行距离。

7.4.5 电子围栏测试

7.4.5.1 在试验场地内设置 30 m×30 m×20 m 的空间区域为电子围栏的禁飞区。操控植保无人飞机以 2 m/s 飞行速度、5 m 飞行高度接近直至触碰电子围栏,如图 3 所示。

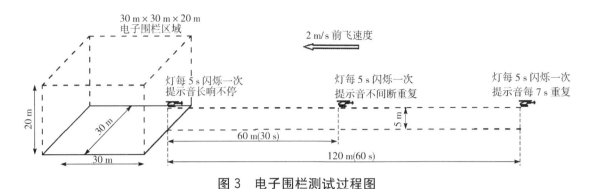

图 3　电子围栏测试过程图

7.4.5.2 观察植保无人飞机与电子围栏发生接触前后采取的措施,具体包括报警提示、自动悬停、自动返航、自动着陆等。

7.4.5.3 将植保无人飞机搬运进电子围栏区域,观察其是否有报警提示且无法启动。

7.4.6 报警和失效保护功能测试

7.4.6.1 链路中断的失效保护测试

正常飞行状态下,操控植保无人飞机持续飞行,过程中适时中断通信链路,目测其是否悬停、自动返航或自动着陆。

7.4.6.2 低电量失效保护测试

正常飞行状态下,操控植保无人飞机持续飞行,目测其电池电量过低时,是否具有制造商声明的失效保护功能。

7.4.6.3 失效报警功能检查

检查植保无人飞机在触发失效保护时,是否能发出声、光或振动的报警提示。

7.4.7 避障性能测试

操控植保无人飞机以 2 m/s 的速度飞向电线杆、树木、草垛等任一障碍物,观察植保无人飞机能否避免与障碍物碰撞。操控植保无人飞机远离障碍物,测定机具是否能重新可控。

7.4.8 电磁兼容测试

7.4.8.1 辐射骚扰限制测试

整机产生的电磁骚扰不应超过其预期使用场合允许的水平,对使用环境中其他植保无人飞机、农林机械、人和可燃物等的电磁影响可控。按照 GB/T 9254 的规定对植保无人飞机整机的辐射电磁骚扰水平进行评估。试验频率范围和限值见表 4,试验前应确保电波暗室环境噪声电平至少比规定限值低 6 dB。

7.4.8.2 射频电场辐射抗骚扰度测试

按照 GB/T 17626.3 的规定对植保无人飞机整机的射频电磁场辐射抗扰度能力进行评估。试验设备用 1 kHz 正弦波对未调制信号进行 80% 的幅度调制来模拟射频辐射干扰情况,其中未调制信号的场强为 10 V/m,扫描 80 MHz~2 GHz 频率范围,对数期天线应分别安放在垂直极化位置和水平极化位置。

试验结果根据试验样品的功能丧失或性能降低程度分为 A、B、C、D 4 个等级,见表 5。

7.5 装配和外观质量检查

用目测法检查是否符合 6.4 的要求。

7.6 操作方便性检查

通过实际操作,检查样机是否符合 6.5 的要求。

7.7 可靠性试验

7.7.1 故障分级

故障分级表见表6。

表6 故障分级表

故障级别	故障示例
致命故障	坠机、爆炸、起火
严重故障	发动机/电机等动力故障
	控制失效或控制执行部件故障
	旋翼损坏
	作业时机上任意部件飞出
一般故障	施药控制设备故障
	无线电通信设备故障
	地面控制端设备故障
轻微故障	紧固件松动
	罩壳松动
	喷头堵塞

7.7.2 首次故障前作业时间考核

按累计60 h定时截尾进行考核,记录首次故障前作业时间。

7.8 使用信息检查

7.8.1 使用说明书检查

按照6.7.1的要求逐项检查。

7.8.2 三包凭证检查

按照6.7.2的要求逐项检查。

7.8.3 铭牌检查

按照6.7.3的要求逐项检查。

8 检验规则

8.1 不合格项目分类

检验项目按其对产品质量的影响程度,分为A、B两类。不合格项目分类见表7。

表7 检验项目及不合格分类

项目分类	序号	项目名称		对应的质量要求的条款号
A	1	安全要求	安全防护装置	6.3.1
			安全标识	6.3.2
			最大起飞质量限值	6.3.3
			限高、限速、限距功能	6.3.4
			电子围栏	6.3.5
			报警和失效保护功能	6.3.6
			避障功能	6.3.7
			电磁兼容性	6.3.8
	2	承压性能		6.1.9
	3	密封性能		6.1.11
	4	续航能力		6.2
	5	可靠性		6.6
B	1	环境适应性		6.1.1
	2	抗风性能		6.1.2
	3	起动性能		6.1.3
	4	药液和燃料(电量)剩余量显示功能		6.1.4

表 7（续）

项目分类	序号	项目名称	对应的质量要求的条款号
B	5	悬停性能	6.1.5
	6	作业控制模式切换稳定性	6.1.6
	7	飞行信息存储系统	6.1.7
	8	远程监管系统通信功能	6.1.8
	9	药液箱	6.1.10
	10	手动控制模式飞行性能	6.2
	11	自主控制模式飞行精度	6.2
	12	残留液量	6.2
	13	过滤装置	6.2
	14	防滴性能	6.2
	15	喷雾性能	6.2
	16	作业喷幅	6.2
	17	纯作业小时生产率	6.2
	18	装配和外观质量	6.4
	19	操作方便性	6.5
	20	使用信息	6.7

8.2 抽样方案

8.2.1 抽样方案按 GB/T 2828.11—2008 中附录 B 表 B.1 的规定制订，见表 8。

表 8 抽样方案

检验水平	O
声称质量水平（DQL）	1
检查总体（N）	10
样本量（n）	1
不合格品限定数（L）	0

8.2.2 采用随机抽样，在制造单位 6 个月内生产的合格产品中或销售部门随机抽取 2 台，其中 1 台用于检验，另 1 台备用。由于非质量原因造成试验无法继续进行时，启用备用样机。抽样基数应不少于 10 台，市场或使用现场抽样不受此限。

8.3 判定规则

8.3.1 样机合格判定

对样机的 A、B 类检验项目逐项进行考核和判定。当 A 类不合格项目数为 0（即 A＝0）、B 类不合格项目数不超过 1（即 B≤1），判定样机为合格品；否则，判定样机为不合格品。

8.3.2 综合判定

若样机为合格品（即样本的不合格品数不大于不合格品限定数），则判通过；若样机为不合格品（即样本的不合格品数大于不合格品限定数），则判不通过。

附　录　A
（规范性附录）
产品规格确认表

产品规格确认表见表 A.1。

表 A.1　产品规格确认表

序号	项目		设计值
1	机具名称		
2	整机型号		
3	飞行控制系统		
4	空机质量,kg		
5	额定起飞质量,kg		
6	工作压力,MPa		
7	工作状态下的外型尺寸(长×宽×高),mm		
8	旋翼	材质	
		主旋翼数量,个	
		直径,mm	
9	药液箱	材质	
		额定容量,L	
10	喷头	型式	
		数量,个	
11	喷杆长度,mm		
12	液泵	型式	
		流量,L/min	
13	配套动力	发动机 功率,kW	
		发动机 转速,r/min	
		发动机 油箱容量,L	
		电动机 KV值,r/(min·V)	
		电动机 额定功率,W	
14	电池	电压,V	
		容量,mAh	

附 录 B
（资料性附录）
航迹数字化测量系统

航迹数字化测量系统可参考配置如下：载波相位差分定位（RTK）系统（定位精度应高于水平 0.1 m、高度 0.15 m）、无线通信装备、地面监视器，测量系统的安装方法如图 B.1 所示。

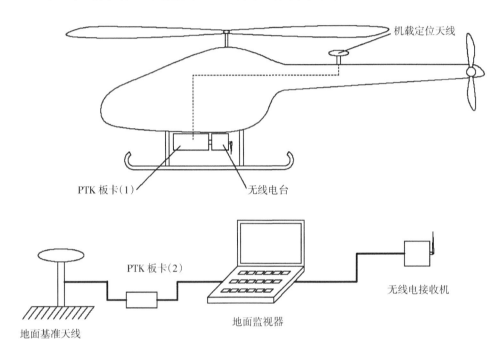

图 B.1 航迹数字化测量系统安装图

ICS 65.060.50
B 91

中华人民共和国农业行业标准

NY/T 3214—2018

统收式棉花收获机　作业质量

Cotton stripper harvester—Operating quality

2018-03-15 发布　　　　　　　　　　　　　　　　2018-06-01 实施

中华人民共和国农业部 发布

前　言

　　本标准按照 GB/T 1.1—2009 给出的规则起草。

　　本标准由农业部农业机械化管理司提出。

　　本标准由全国农业机械标准化技术委员会农业机械化分技术委员会(SAC/TC 201/SC 2)归口。

　　本标准起草单位:农业部南京农业机械化研究所、中国农业科学院棉花研究所、江苏常发实业集团有限公司、南京工程学院。

　　本标准主要起草人:石磊、张玉同、李亚兵、陈长林、吴崇友、薛臻、袁建宁、孙勇飞。

统收式棉花收获机 作业质量

1 范围

本标准规定了统收式棉花收获机作业的术语和定义、作业质量要求、检测方法和评定规则。

本标准适用于统收式棉花收获机(以下简称采棉机)作业质量的评定。

2 规范性引用文件

下列文件对于本文件的应用是必不可少的。凡是注日期的引用文件,仅注日期的版本适用于本文件。凡是不注日期的引用文件,其最新版本(包括所有的修改单)适用于本文件。

GB/T 5262—2008 农业机械试验条件 测定方法的一般规定

3 术语和定义

下列术语和定义适用于本文件。

3.1

统收式棉花收获机 cotton stripper harvester

一次性将棉花絮铃及青铃一起收获、并进行清选作业的机械。

3.2

棉株 cotton plant

生长在地表以上的棉花植株。

3.3

吐絮棉铃 the opened cotton boll

完全开裂的棉铃。

3.4

采净率 collect rate

采收的籽棉质量占应收籽棉总质量的百分比。

3.5

吐絮率 the rate of boll opening

吐絮棉铃数占总棉铃数的百分比。

3.6

脱叶率 sheded rate

棉株上脱落棉叶数占脱叶催熟前棉叶数的百分比。

3.7

自然落棉 natural landing cotton

采收前自然脱落在地表的籽棉。

3.8

挂枝棉 hitched cotton

采收后脱离铃壳且挂在棉株上的籽棉。

3.9

遗留棉 leaved cotton

采收后遗留在棉株铃壳内的籽棉。

3.10

撞落棉 stroken cotton

采收时由于采棉机碰撞而落地的籽棉。

3.11

含杂率 percentage of impurities

收获籽棉中所含杂质的质量占总质量的百分比。

3.12

异性纤维 foreign fibers

收获籽棉中所含的包括塑料、毛发、麻等非棉花纤维。

4 作业质量要求

4.1 作业条件

4.1.1 棉花种植行距应适宜采棉机的采收要求,种植行距一致性偏差≤50 mm。

4.1.2 籽棉含水率不大于12%,棉铃吐絮率在90%以上,脱叶率在85%以上,棉株上无明显的塑料残留、化纤残留等杂物。

4.1.3 棉株生长高度在130 cm以下,最低结铃高度不小于18 cm,无倒伏。

4.2 作业质量要求

在4.1规定的作业条件下,采棉机的作业质量应符合表1的要求。

表1 采棉机作业质量指标

序 号	项 目	指 标	检测方法对应的条款号
1	采净率	≥92%	5.3.1
2	含杂率	≤11%	5.3.2
3	含异性纤维率	≤0.3%	5.3.2

5 检测方法

5.1 测区和测点的确定

5.1.1 测区应符合4.1的要求,测区宽度不小于采棉机作业幅宽的8倍,测区长度不少于100 m。

5.1.2 测区内按照GB/T 5262—2008中4.2规定的5点法选取测点。

5.2 作业条件测定

5.2.1 棉株生长情况

在测区内随机取10株棉株,测定棉株的最低结铃高度,计算棉株平均最低结铃高度。

5.2.2 自然落地棉测定

在测点附近内分别收集不少于5 m²的自然落地籽棉并称重,计算平均单位面积自然落地棉质量。

5.2.3 棉铃吐絮率测定

在测区内选取长势均匀的棉株,连续测10株的棉铃数和吐絮棉铃数,计算平均棉铃吐絮率。

5.2.4 脱叶率测定

在测区内测定不少于5 m²全部棉株上的叶片数和落地叶片数,计算平均脱叶率。

5.2.5 籽棉产量测定

在测区附近随机3点内收取不少于50 m²全部棉株上的吐絮籽棉,并称重,计算平均籽棉产量,折算单位面积应收籽棉质量。

5.2.6 行距测定

测区内沿行连续测量10株棉花相邻两行棉株之间的距离,计算行距的一致性。

5.3 作业质量检测

5.3.1 采净率

采棉机采收后,在5个测点上,每个测点不少于5 m² 内分别收集遗留棉、挂枝棉和落地棉,除杂质并称重,计算各测点的单位面积遗留棉质量、单位面积挂枝棉质量和单位面积落地棉质量;按式(1)计算采净率,结果取5点的算术平均值。

$$y = \left(1 - \frac{G_1 + G_2 + G_3 - G_4}{G}\right) \times 100 \quad\cdots\cdots\cdots\cdots\cdots\cdots\cdots\cdots (1)$$

式中:

y ——采净率,单位为百分率(%);

G_1——单位面积遗留棉质量,单位为克每平方米(g/m²);

G_2——单位面积挂枝棉质量,单位为克每平方米(g/m²);

G_3——采棉机作业后单位面积落地棉质量,单位为克每平方米(g/m²);

G_4——采收前单位面积自然落地棉质量,单位为克每平方米(g/m²);

G ——平均单位面积应收籽棉质量,单位为克每平方米(g/m²)。

5.3.2 含杂率、含异性纤维率

从采棉机棉箱分层分区中随机抽取5份籽棉样品,每份不少于2 000 g,集中并充分混合,从中取出样品5份,每份1 000 g。用手拣出碎叶、茎秆、铃壳、杂草、草籽等普通杂质及塑料、毛发、麻等异性纤维杂质,分别称重。按式(2)计算含杂率,结果取5份样品的算术平均值;按式(3)计算含异性纤维率,结果取5份样品的算术平均值。

$$Z = \frac{W_z}{W_y} \times 100 \quad\cdots\cdots\cdots\cdots\cdots\cdots\cdots\cdots (2)$$

式中:

Z ——籽棉含杂率,单位为百分率(%);

W_z——样品中碎叶、茎秆、铃壳、杂草、草籽等普通杂质总质量,单位为克(g);

W_y——样品质量,单位为克(g)。

$$T = \frac{W_T}{W_y} \times 100 \quad\cdots\cdots\cdots\cdots\cdots\cdots\cdots\cdots (3)$$

式中:

T ——含异性纤维率,单位为百分率(%);

W_T——样品中塑料、毛发、麻等异性纤维杂质总质量,单位为克(g)。

6 评定规则

6.1 考核项目

作业质量考核项目见表2。

表2 作业质量考核项目

序号	项目名称
1	采净率
2	含杂率
3	含异性纤维率

6.2 判定

对确定的考核项目进行逐项考核。考核项目全部合格时,判定采棉机的作业质量为合格,否则为不合格。

———————————

ICS 65.060.01
B 90

中华人民共和国农业行业标准

NY/T 3215—2018

拖拉机和联合收割机检验合格标志

Tractor and combine-harvester inspection decal

2018-03-15 发布

2018-06-01 实施

中华人民共和国农业部 发布

前 言

本标准按照 GB/T 1.1—2009 给出的规则起草。

本标准由农业部农业机械化管理司提出。

本标准由全国农业机械标准化技术委员会农业机械化分技术委员会(SAC/TC 201/SC 2)归口。

本标准起草单位:农业部农机监理总站。

本标准主要起草人:毕海东、王聪玲、柴小平、杨云峰、蔡勇、王超、王桂显、杨声站。

拖拉机和联合收割机检验合格标志

1 范围

本标准规定了拖拉机和联合收割机检验合格标志的规格、技术要求、检验、包装、运输及储存。

本标准适用于拖拉机和联合收割机检验合格标志(以下简称合格标志)。

2 规范性引用文件

下列文件对于本文件的应用是必不可少的。凡是注日期的引用文件,仅注日期的版本适用于本文件。凡是不注日期的引用文件,其最新版本(包括所有的修改单)适用于本文件。

GB/T 191 包装储运图示标志

GB/T 2943 胶粘剂术语

GB/T 5698 颜色术语

GB/T 10335.1 涂布纸和纸板 涂布美术印刷纸(铜版纸)

CY/T 5 平版印刷品质量要求及检验方法

3 术语和定义

GB/T 2943、GB/T 5698 界定的以及下列术语和定义适用于本文件。

3.1

拖拉机和联合收割机检验合格标志 tractor and combine-harvester inspection decal

拖拉机和联合收割机经安全技术检验合格,准予使用的法定证件。

3.2

签注 endorse

在合格标志背面通过拖拉机和联合收割机登记系统打印或手工填写,签注检验业务专用章。

4 规格

单枚成品为长(80±0.5) mm,宽(60±0.5) mm,冲圆角,圆角半径为(5±0.1) mm。

5 技术要求

5.1 式样

合格标志的式样见附录 A。

5.1.1 文字

正面:年份数字字符的字体为 45 pt"Garamond"字体,字宽为 148%、字高为 100%;"中华人民共和国农业部制"字体为 15 pt 华文细黑,字宽为 100%、字高为 144%;"检"字体为 75 pt 黑体,字宽为 148%、字高为 100%;检验月份数字字符的字体为 15 pt 华文中宋,字宽为 100%、字高为 144%。

背面:月份数字字符的字体为 15 pt 华文中宋;"拖拉机和联合收割机检验合格标志"字体为 12 pt 黑体,字宽为 100%、字高为 144%;外框线为实线,粗细为 0.75 pt;"号牌号码"为 8 pt 宋体,字宽为 100%、字高为 144%。

"年份数字字符""检"字"中华人民共和国农业部制"和"拖拉机和联合收割机检验合格标志"左右居中印制。

"注:1. 正面的年份和月份为检验到期年、月。2. 此标志贴在前风窗玻璃的内侧不妨碍驾驶员视野的位置上或随本机携带。3.方框内签注检验业务专用章。"为 6 pt 黑体,字宽为 100%、字高为 144%。

5.1.2 拖拉机和联合收割机检验业务专用章签注区外框规格

拖拉机和联合收割机检验业务专用章签注区外框规格为(70±0.5) mm×(7±0.5) mm。

5.1.3 月份外圆规格

月份外圆规格为 φ(7±0.1) mm。

5.2 材质

合格标志印刷面纸为 105 g 双铜,技术指标符合 GB/T 10335.1 的规定。

合格标志正面涂覆压敏胶粘剂并附防粘纸。被胶面对表 100 g 白色底纸。

5.3 印刷

5.3.1 外观

版面整洁,文字、底纹、颜色等清晰完整,无花、糊,无缺笔断道等现象。模切平整,大小相同,四边裁切整齐。

5.3.2 底纹颜色

合格标志底纹颜色分为 GB/T 5698—2001 中的橘黄色(蓝色 C:0,红色 M:54,黄色 Y:72,黑色 K:0);墨绿色(蓝色 C:100,红色 M:0,黄色 Y:100,黑色 K:70);深蓝色(蓝色 C:100,红色 M:100,黄色 Y:0,黑色 K:0)。每 3 年循环一次。

5.3.3 套印

图像轮廓清晰,套印允许误差应小于 0.1 mm。

5.3.4 正面印刷

年份在"检"字上方,12 个月份按顺序 1~12 排列;"中华人民共和国农业部制"字样在下部。

5.3.5 背面印刷

背面农机安全监理主标志图案居中,底纹采用超线防伪技术。

6 检验

6.1 外观

目测合格标志的外观,应符合 5.3.1 的要求。

6.2 规格尺寸

用精度为 0.1 mm 的长度测量工具测量规格尺寸,用精度为 0.1 mm 的半径规测量圆角,应符合第 4 章和 5.1.3 的要求。

6.3 印刷

按 CY/T 5 规定的检验方法进行检验,应符合 5.3.1、5.3.2 和 5.3.3 的要求。

7 包装、运输及储存

7.1 包装

合格标志的包装使用防水防潮纸板箱进行加封。包装箱体上应有"勿受潮湿"等 GB/T 191 中规定的标志。包装内应有合格证,合格证上应记录产品名称、数量、生产单位名称、出厂日期、检验人员章等。

7.2 运输

在运输过程中,产品应采取防雨和防潮措施。

7.3 储存

产品应保存在温度低于 30℃、相对湿度不大于 60% 的仓库内,远离热源。

附 录 A
（规范性附录）
拖拉机和联合收割机检验合格标志式样

A.1 拖拉机和联合收割机检验合格标志正面

拖拉机和联合收割机检验合格标志正面式样见图 A.1。

单位为毫米

图 A.1 拖拉机和联合收割机检验合格标志正面

A.2 拖拉机和联合收割机检验合格标志背面

拖拉机和联合收割机检验合格标志背面式样见图 A.2。

单位为毫米

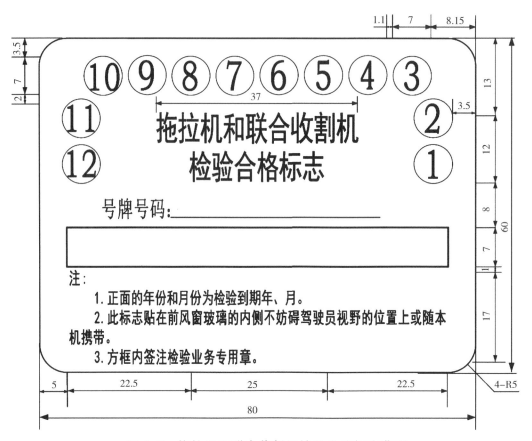

图 A.2 拖拉机和联合收割机检验合格标志背面

ICS 65.060.10
T 65

中华人民共和国农业行业标准

NY/T 3334—2018

农业机械　自动导航辅助驾驶系统
质量评价技术规范

Agricultural machinery—Automatic guidance and driving system—
Technical specification for quality evaluation

2018-12-19 发布

2019-06-01 实施

中华人民共和国农业农村部 发布

NY/T 3334—2018

前　言

本标准按照 GB/T 1.1—2009 给出的规则起草。

本标准由农业农村部农垦局提出并归口。

本标准起草单位:黑龙江农垦农业机械试验鉴定站、无锡卡尔曼导航技术有限公司、上海司南卫星导航技术有限公司、哈尔滨航天恒星数据系统科技有限公司、广州市中海达测绘仪器有限公司。

本标准主要起草人:高广智、柳春柱、牛文祥、刘丽红、吕红梅、常相铖、吴飞、刘孝庄。

农业机械 自动导航辅助驾驶系统 质量评价技术规范

1 范围

本标准规定农业机械自动导航辅助驾驶系统的基本要求、质量要求、检测方法和检验规则。

本标准适用于农业机械自动导航辅助驾驶系统(以下简称"自动导航系统")的质量评定。

2 规范性引用文件

下列文件对于本文件的应用是必不可少的。凡是注日期的引用文件,仅注日期的版本适用于本文件。凡是不注日期的引用文件,其最新版本(包括所有的修改单)适用于本文件。

GB/T 2828.11—2008 计数抽样检验程序 第11部分:小总体声称质量水平的评定程序

GB/T 9480 农林拖拉机和机械、草坪和园艺动力机械 使用说明书编写规则

GB/T 13306 标牌

GB/T 15706.2 机械安全 基本概念与设计通则 第2部分:技术原则

GB/T 17424—2009 差分全球导航卫星系统(DGNSS)技术要求

3 术语和定义

下列术语和定义适用于本文件。

3.1

A‐B线 A‐B line

通过在作业场地选择位置A点和位置B点以通过A点和B点的虚拟线作为自动导航系统的基准线。

3.2

导向路径 guiding path

引导驾驶者沿着已规划路径行驶的轨迹。

3.3

实时动态测量系统 real time kinematic(RTK) system

利用数据链将基站卫星接收机对多颗卫星信号的载波相位和码伪距观测传送给用户,用户接收机采用双差分以及其他处理,快速解算出载波整周多值性,以实现动态高精度的实时定位系统。

3.4

RTK基站 RTK base station

以设定地面固定点的方式来更准确差分卫星信号,以提高农机作业路线的精准度和重复性的设备。RTK基站分为移动式和固定式两种。

3.5

自动导航系统 auto guidance

一种在农业机械方面应用的集成系统,主要由高精度卫星定位GNSS接收机及天线、导航控制器、液压阀或转动电机、车载计算机、无线通信设备(数传电台或地面通信网)组成。

3.6

直线度精度 straightness

由自动导航系统引导农业机械沿作业行起点前进至作业行终点行驶轨迹符合度的标准偏差。

3.7

衔接行间距精度   pass to pass error

在直线作业状态,实际测量作业衔接行间距与理论衔接行间距之间的符合度的标准偏差。

3.8

全球导航卫星系统   global navigation satellite system(GNSS)

泛指所有的卫星导航系统,包括全球的、区域和增强的,如 GPS(全球定位系统)、BDS(北斗卫星导航系统)、GLONASS(格洛纳斯卫星导航系统)和 GALILEO(伽利略系统)。

4 基本要求

4.1 质量评价所需的文件资料

对自动导航系统进行质量评价所需文件资料应包括:

a) 产品规格确认表(见附录 A),并加盖企业公章;

b) 产品执行标准或产品制造验收技术条件;

c) 产品使用说明书;

d) 产品三包凭证;

e) 产品照片各一张(包括车载计算机、卫星接收机、自动导航系统、RTK 基站等系统组成部分);

f) 有资质的第三方检测机构出具的有实进动态测量系统的主机板(包含接收机和基站)检测报告复印件;

g) 中华人民共和国工业和信息化部颁发的无线电发射设备型号核准证书或等效证明文件(复印件)。

4.2 主要技术参数核对与测量

依据产品使用说明书、铭牌和企业提供的其他技术文件,对样机的主要技术参数按照表1的规定进行核对或测量。

表 1   核测项目与方法

序号	项 目		单位	方法
1	型号名称		/	核对产品铭牌
2	车载计算机	微处理器型号	/	核对
		内存	GB	核对
		硬盘	GB	核对
		操作系统及固件版本	/	核对
		显示分辨率	/	核对
		接口信息	/	核对
		数据输入输出协议	/	核对
		输入电压	V	测量
		电流	A	测量
		功率	W	核对
		尺寸(长×宽×高)	mm	测量
3	卫星接收机	接收机类型及频点	/	核对
		主板固件版本	/	核对
		通道数	/	核对
		接口信息	/	核对
		差分类型	/	核对
		数据更新率	Hz	核对
		接收天线	/	核对
		尺寸(长×宽×高)	mm	测量
		集成组件	/	核对

表 1（续）

序号	项	目	单位	方法
4	自动导航控制系统	控制器尺寸(长×宽×高)	mm	测量
		控制器主板固件版本	/	核对
		液压阀型号规格或转动电机型号规格	/	核对
		角度传感器型号规格	/	核对
5	差分基站	信号覆盖范围 移动基站信号覆盖范围	km	核对
		信号覆盖范围 固定基站信号覆盖范围		核对
		电台频率	Hz	核对
		移动基站电台发射功率	W	核对
		固定基站电台发射功率		核对

4.3 试验条件

4.3.1 自动导航系统应在地表平整、坡降高度变化不超过 1 m 的耕地地面上测试。试验地长度应不少于 300 m,两端的稳定区应不小于 50 m 长,宽度不少于 50 m。卫星天线的高度要高于水平视野 10°以上,从任何一点看都不应有可见的障碍物干扰或阻碍卫星信号。试验场周围 50 m 不应有金属和其他反射表面。

4.3.2 试验时选择的配套车辆应是适宜安装自动导航系统且具有液压转向系统的农业机械。

4.3.3 进行自动导航系统试验时,应按照产品使用说明书的规定配备操作人员。操作人员应操作熟练,试验过程中无特殊情况不允许更换操作人员。

4.3.4 试验样机应按使用说明书的要求进行调整,达到正常工作状态后方可进行测试。

4.3.5 差分基站应符合 GB/T 17424—2009 的规定。

4.4 主要仪器设备

试验测试仪器设备应检定或校准,并在有效的检定周期内。仪器设备的量程、测量准确度应不低于表 2 的要求。

表 2 主要试验用仪器设备测量范围和准确度要求

序号	被测参数名称	测量范围	准确度要求
1	长度	0 m～5 m	1 mm
		≥5 m	10 mm
2	时间	0 h～24 h	0.5 s/d
3	温度	−10℃～50℃	1℃
4	湿度	10%～90%	±3%RH
5	电压	DC 0 V～36 V	1.0%
6	电流	0 A～20 A	1.0%

5 质量要求

5.1 性能要求

自动导航系统性能指标应符合表 3 的要求。

表 3 性能指标要求

序号	项 目	性能指标	对应的检测方法条款号
1	直线度精度	≤2.5 cm	6.1.1
2	衔接行间距精度	≤2.5 cm	6.1.2
3	基站信号覆盖范围	移动基站信号覆盖范围≥5 km	6.1.3
		固定基站信号覆盖范围≥15 km	

5.2 安全要求

5.2.1 电器设备应具有过流、过压、短路、电源瞬间变化和偶然极性反接的保护功能,电器接口应有防静电功能。

5.2.2 自动导航系统的设计应符合 GB/T 15706.2 的要求。可能产生危险和自动导航系统失灵(例如超速、意外偏离导向路径、随车控制装置失调或其他电压不稳或导向信号故障),应立即限制或停止其相关动作,使自动导航系统回到可控参数范围而不产生新的危险;自动导航系统失灵,不应阻碍手动操作的使用。

5.2.3 所有自动导航系统自动功能只应通过单独采用操作控制器进行操作。当自动导航系统关闭时,自动功能应自动恢复到手动控制状态或关闭状态。应使操作人员随时都可撤销自动功能,自动功能只准许由操作人员重启。当使用手动控制功能时,导航功能的自动控制应自动解除。自动导航系统的自动功能控制装置应明显表示出其用途。

5.2.4 自动导航系统电器线路的连接应正确、可靠、无漏电。导线应捆扎成束,布置整齐,固定卡紧,接头牢固并有绝缘套。导线穿越孔洞时应设绝缘套管。液压管路及电器线路的布置应避免摩擦和接触发热部件。

5.2.5 使用说明书应给出或指出安全使用注意事项。应明确规定,严禁在自动导航系统行驶过程中上下车;应明确标识出安全搬运电子部件的注意事项,包括 RTK 基站的安装与拆卸;应明确规定,在自动驾驶状态时操作人员应时刻观察前方障碍物并判断潜在危险,禁止疲劳驾驶。自动驾驶系统的使用说明书中应明确写出显示器中给出的听觉或视觉或两者组合的安全警示含义。

5.3 装配与外观质量

5.3.1 各部件装配应良好、紧固、无松动,调节应方便自如,控制器开关、按键的操作应灵活可靠。

5.3.2 各部件表面应光洁,无明显划痕、刮伤、毛刺及其他的机械损伤;各部分的涂镀层应光滑,色泽均匀。

5.4 操作方便性

5.4.1 各操纵机构应灵活、方便、有效。

5.4.2 调整、保养、更换零部件应方便。

5.5 铭牌

在明显的位置安装字迹清楚、牢固可靠的永久性铭牌,铭牌规格符合 GB/T 13306 的规定。至少有以下内容:

  a) 型号及名称;

  b) 主要技术参数;

  c) 出厂编号;

  d) 制造单名称、地址;

  e) 产品执行标准。

5.6 可靠性

自动导航系统的使用有效度 K_{18h} 不小于 98%。

5.7 使用说明书

使用说明书应按照 GB/T 9480 的规定编写,至少应包括以下内容:

  a) 产品特点及主要用途;

  b) 安全警示标志的样式;

  c) 安全注意事项;

  d) 产品执行标准及主要技术参数;

  e) 结构特征及工作原理;

f) 安装、调整和使用方法；

g) 维护和保养说明；

h) 常见故障及排除方法；

i) 产品三包内容，也可单独成册；

j) 易损件清单。

5.8 三包凭证

自动导航系统应有三包凭证，至少应包括以下内容：

a) 产品品牌（如有）、型号规格、购买日期、产品编号；

b) 生产者名称、联系地址、电话；

c) 已经指定销售者和修理者的，应有销售者和修理者的名称、联系地址、电话、三包项目；

d) 整机三包有效期（应不少于 1 年）；

e) 主要零部件名称和质量保证期（应不少于 1 年）；

f) 易损件及其他零部件质量保证期；

g) 销售记录（包括销售者、销售地点、销售日期、购机发票号码等信息）；

h) 修理记录（包括送修时间、送修故障、修理情况、交货日期、换退货证明等信息）；

i) 不承担三包责任的说明。

6 检测方法

6.1 性能试验

6.1.1 直线度精度

装有自动导航的农业机械在农田上进行自动导航作业时基站与接收机距离不小于 5 km，至少完成一次设定衔接行距离的作业。在该农业机械上安装第三方高精度测量型天线和接收机。天线的安装位置位于该农业机械的纵向中心线上，安装高度应贴近地面。在自动导航作业过程中，利用第三方高精度测量型接收机记录自动导航作业的 A 点坐标、B 点坐标。以 A—B 线为基准线，按照不小于 300 m 长的直线导向路径在速度（0.5 m/s±0.2 m/s）和速度（2.5 m/s±0.2 m/s）下按设定衔接行间距作业，各行驶 1 次；用第三方高精度测量型接收机记录的 RTK 位置数据 x_i 作为实际行驶轨迹点，每次等间隔取50 个检测点，测量自动导航系统实际距离 A—B 线的距离，利用式（1）计算得出每种作业速度下自动导航系统实际距离与基准线 A—B 线的距离的标准差，该标准差为直线度精度，两种作业速度下的直线度精度均应不大于 2.5 cm。

$$S_1 = \sqrt{\sum_i^N (x_i - \bar{x})^2 / (N-1)} \quad \cdots\cdots\cdots\cdots\cdots\cdots\cdots\cdots\cdots\cdots\cdots (1)$$

式中：

S_1——直线度精度，检测示意见图 1；

x_i——自动导航系统实际行驶轨迹点到 AB 线的距离，单位为厘米（cm）；

$\bar{x}$——自动导航系统实际行驶轨迹点到 AB 线的距离的平均值，单位为厘米（cm）；

N——所取的检测点点数。

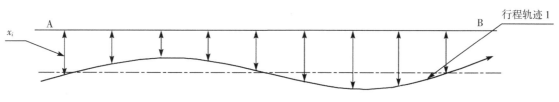

图 1 直线度精度检测示意图

6.1.2 衔接行间距精度

装有自动导航的农业机械在农田上进行自动导航作业时基站与接收机距离不小于 5 km,至少完成二次设定衔接行间距的作业。在该农业机械上安装第三方高精度测量型天线和接收机。天线的安装位置位于该农业机械的纵向中心线上,安装高度应贴近地面。在自动导航作业过程中,利用第三方高精度测量型接收机记录自动导航作业的 A 点坐标、B 点坐标。以 A—B 线为基准线,按照不小于 300 m 长的直线导向路径在速度(0.5±0.2)m/s 和速度(2.5±0.2)m/s 下按设定衔接行间距作业,完成至少 2 次调头作业;用第三方高精度测量型接收机记录的 RTK 位置数据作为实际的位置。在第一条轨迹线中记录行驶轨迹点 A_i(i 从 1 到 50 等间隔记录轨迹点),在第二条轨迹线中记录行驶轨迹点 B_i(i 从 1 到 50 等间隔记录轨迹点),A_i、B_i 要对应。从而得到轨迹线 1 和轨迹线 2 的相对间距 h_i(i 从 1 到 50)。利用式(2)计算出每种作业速度下轨迹线 1 和轨迹线 2 的相对间距 h_i 的标准差,该标准差为衔接行间距精度,两种作业速度下的衔接行间距精度均应不大于 2.5 cm。

$$S_2 = \sqrt{\sum_{i}^{N}(h_i - \bar{h})^2/(N-1)} \qquad\qquad (2)$$

式中:

S_2——衔接行间距精度,检测示意见图 2;

h_i——轨迹线 1 和轨迹线 2 的相对间距,单位为厘米(cm);

$\bar{h}$——轨迹线 1 和轨迹线 2 的相对间距平均值,单位为厘米(cm);

N——所取的检测点点数。

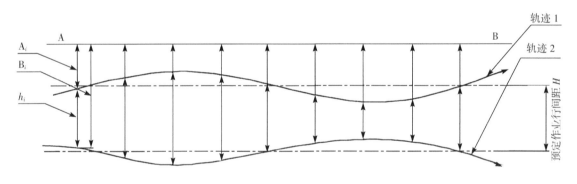

图 2　衔接行间距精度检测示意图

6.1.3 基站信号覆盖范围

选定一作业场所,在固定基站的信号覆盖范围内,离作业场所中心点 6 km 开始,每增加 1 km 选定一个点,共测 10 个点,要求自动导航系统中的卫星接收机检测 10 个点都能稳定可靠地接收到信号。

6.2 安全要求

按照 5.2 的规定逐项检查,所有子项合格,则该项合格。

6.3 装配与外观质量

采用目测法按照 5.3 的规定逐项检查,所有子项合格,则该项合格。

6.4 操作方便性

通过实际操作,观察样机是否符合 5.4 的规定。

6.5 铭牌检查

按照 5.5 的规定逐项检查,所有子项合格,则该项合格。

6.6 可靠性评价

自动导航系统样机连续生产试验时间不少于 18 h(累计不大于 19 h)。记录作业时间、调整保养时间、样机故障情况及排除时间。生产试验过程中不得发生导致机具功能完全丧失、危及作业安全、人身伤亡或重大经济损失的致命故障,以及主要零部件或重要总成(如卫星接收机、导航控制器、基站、转向电磁阀、方向传感器、电台)的损坏、报废,导致功能严重下降、无法正常作业的故障。按式(3)计算有效度指标 K_{18h}。

$$K_{18h} = \frac{\sum T_z}{\sum T_g + \sum T_z} \times 100 \quad \cdots\cdots\cdots\cdots\cdots\cdots\cdots\cdots\cdots\cdots\cdots\cdots (3)$$

式中:

K_{18h}——指对样机进行作业时间不少于 18 h 生产查定的有效度,以百分率(%)表示;

T_z——作业时间,单位为小时(h);

T_g——故障排除时间,单位为小时(h)。

6.7 使用说明书

按照 5.7 的规定逐项检查,所有子项合格,则该项合格。

6.8 三包凭证

按照 5.8 的规定逐项检查,所有子项合格,则该项合格。

7 检验规则

7.1 检验项目及不合格分类

检验项目按其对产品质量影响的程度分为 A、B 两类。不合格项目分类见表 4。

表 4 检验项目不合格分类表

项目分类	序号	项目名称	对应条款
A	1	直线度精度	5.1
	2	衔接行间距精度	5.1
	3	基站信号覆盖范围	5.1
	4	安全要求	5.2
	5	可靠性	5.6
B	1	装配与外观质量	5.3
	2	操作方便性	5.4
	3	铭牌	5.5
	4	使用说明书	5.7
	5	三包凭证	5.8

7.2 抽样方案

按 GB/T 2828.11—2008 附录 B 中表 B.1 的要求制定,见表 5。

表 5 抽样方案

检验水平	O
声称质量水平(DQL)	1
核查总体(N)	10
样本量(n)	1
不合格品限定数(L)	0

7.3 抽样方法

采用随机抽样,在生产企业近一年内生产且自检合格的产品中随机抽取 2 台样机,其中 1 台用于检验,另 1 台备用。由于非质量原因造成试验无法继续进行时,启用备用样机。抽样基数不少于 10 台,在销售部门或用户中抽样不受此限。

7.4 判定规则

7.4.1 样品合格判定

对样本中 A、B 各类检验项目逐一检验和判定,当 A 类不合格项目数为 0(即 A＝0)、B 类不合格项目数不超过 1(即 B≤1),判定样品为合格产品,否则判定样品为不合格产品。

7.4.2 综合判定

若样品为合格品(即样品的不合格项目数不大于不合格限定数),则判定通过;若样品为不合格品(即样品的不合格项目数大于不合格品限定数),则判定不通过。

附　录　A
（规范性附录）
产品规格确认表

产品规格确认表见表 A.1。

表 A.1　产品规格确认表

序号	项　　目			单位	规格
1	型号名称			/	
2	车载计算机		微处理器型号	/	
			内存	GB	
			硬盘	GB	
			操作系统及软件版本	/	
			显示分辨率	/	
			接口信息	/	
			数据输入输出协议	/	
			输入电压	V	
			电流	A	
			功率	W	
			尺寸（长×宽×高）	mm	
3	卫星接收机		接收机类型及频点	/	
			主板固件版本	/	
			通道数	/	
			接口信息	/	
			差分类型	/	
			数据更新率	Hz	
			接收天线	/	
			集成组件	/	
			尺寸（长×宽×高）	mm	
4	自动驾驶控制系统		角度传感器型号规格	/	
			液压阀或转动电机型号规格	/	
			控制器主板固件版本	/	
			控制器尺寸（长×宽×高）	mm	
5	基站	信号覆盖范围	移动基站信号覆盖范围	km	
			固定基站信号覆盖范围		
			电台频率	Hz	
			移动基站电台发射功率	W	
			固定基站电台发射功率		

ICS 65.060.50
B 91

中华人民共和国农业行业标准

NY/T 3335—2018

棉花收获机 安全操作规程

Cotton harvester—Codes of safe opertion

2018-12-19 发布
2019-06-01 实施

中华人民共和国农业农村部 发布

前　言

本标准按照 GB/T 1.1—2009 给出的规则起草。

本标准由农业农村部农业机械化管理司提出。

本标准由全国农业机械标准化技术委员会农业机械化分技术委员会(SAC/TC 201/SC 2)归口。

本标准起草单位:新疆维吾尔自治区农牧业机械产品质量监督管理站、新疆生产建设兵团农机技术推广总站。

本标准主要起草人:丁志欣、朱堂忠、王祥明、张山鹰、李峰、麻平、林育、张超。

棉花收获机 安全操作规程

1 范围

本标准规定了棉花收获机安全操作的基本条件、启动前检查、启动、起步、转移行驶和作业安全操作规程。

本标准适用于自走式棉花收获机(以下简称收获机)的操作。

2 基本条件

2.1 机器条件

2.1.1 收获机投入使用前,机主应按规定办理注册登记,取得号牌、行驶证,并按规定安装号牌。

2.1.2 不得使用非法改装、拼装和报废的收获机。

2.1.3 不得使用未按规定定期安全技术检验或者检验不合格的收获机。

2.2 人员条件

2.2.1 驾驶操作人员应经过安全操作培训,掌握安全操作技能。

2.2.2 驾驶操作人员应经过培训并取得联合收割机驾驶证,驾驶证应在有效期内;驾驶操作机型应与驾驶证准驾相符。

2.2.3 驾驶操作人员操作时应随身携带驾驶证。

2.2.4 有下列情况之一的人员不得操作收获机:

——患有妨碍安全操作疾病的;

——饮酒或使用国家管制的精神药品、麻醉品的;

——孕妇、未成年人和不具备完全行为能力的。

2.3 使用条件

2.3.1 收获机与非操作人员距离应不小于 5 m。

2.3.2 当籽棉含水率大于 12% 时,禁止进行田间作业。

2.3.3 除正常需要配备的灭火设备外,每 20 hm² 采棉作业区域内,配备至少 1 台用于消防的带机动高压泵的机动水罐车,水罐容量不少于 1.8 m³,机动高压泵射程应不小于 30 m,并配备相应人员及时待命。

2.3.4 驾驶操作视线应良好。

3 启动前检查

3.1 安全标志

3.1.1 按照使用说明书检查安全标志。

3.1.2 安全标志不全、损坏的,应立即更换。

3.1.3 收获机侧、后的最大尺寸处粘贴反光示廓标志。

3.2 防护装置

3.2.1 按照使用说明书检查安全防护装置,保证防护装置防护到位。

3.2.2 散热器外侧,应设有网罩等防护装置。

3.2.3 检查制动装置是否连接可靠,制动气(油)管路是否接牢,有无漏气(油)现象。

3.2.4 应按使用说明书的要求检查润滑油、燃油、冷却液和轮胎气压,确认各部件安全技术状态良好。

3.2.5 检查各紧固螺栓和螺母(特别是轮胎处)是否松动。

3.2.6 采摘台的液压升降锁定装置各部件应转动灵活、可靠。

3.2.7 棉箱状态传感器能够准确有效地工作。

3.2.8 棉箱液压卸棉装置的锁定机构工作可靠。

3.2.9 排气管应装有火星收集装置。

3.3 照明及信号装置

3.3.1 采摘台监视系统工作可靠,当有障碍物进入采棉头时,报警器应及时警报。

3.3.2 喇叭性能可靠。

3.3.3 倒车报警装置工作可靠。

3.3.4 收获机最高点黄色警告灯工作正常。

4 启动

4.1 驾驶操作人员必须始终系好安全带。

4.2 驾驶操作人员必须将变速控制杆置于空挡位置或停车挡位置,驾驶操作人员入座后,方可开始启动发动机。

4.3 每次连续启动时间不超过 5 s,一次不能启动发动机时,应间隔 2 min～3 min 再启动,启动 3 次仍不能启动,要查明原因,排除故障后方可再启动。

4.4 严禁发动机起动电机直接搭铁启动。

4.5 启动后要低速运转 3 min～5 min,观察各仪表读数是否正常,检查有无漏水、漏油、漏电、漏气现象,倾听有无异常声音。

4.6 应确保各种防护罩安装正确,各种防护罩在未安装之前,禁止启动。

5 起步

5.1 起步前应检查确认各仪表读数正常;操纵件操作灵活可靠,旋转部件转动无卡滞,自动回位的手柄、踏板回位正常;发动机怠速及最高空转转速运转平稳;发动机等部位应无漏水、漏油、漏气现象和异常声响。

5.2 起步或者传递动力前,必须观察周围情况,及时发出信号,确认安全后方可进行。

5.3 起步或传递动力时,必须缓慢结合离合器,逐渐加大油门。

5.4 驾驶操作人与辅助作业人员之间必须设置联系信号。

5.5 起步应试刹车,确认制动系统工作正常。

6 转移行驶

6.1 收获机转移行驶应遵守道路交通安全法规。行驶速度不得超过使用说明书规定的最高车速。

6.2 转移行驶前,将收割台、棉箱、梯子等部件调整至运输位置并锁定。

6.3 收获机转移行驶时,不应牵引其他机械;棉箱不应载人载物;出现故障需牵引时,应采用刚性牵引杆连接,开启示警灯。

6.4 遇有安全性不确定的道路,如便桥、涵洞、堤坝、沟壑等,应停车检查,确认安全后通过。

6.5 装车运输时,收获机自行装卸应有足够长度、宽度和强度的装卸台;必须用绳索等将收获机稳固在运输车上。

6.6 行驶中,不准将脚踏在离合器踏板上,不准用离合器控制车速。

6.7 严禁高速急转弯。拐弯时先减速。路况较差时慢行。

6.8 通过铁路道口,应遵守下列规定:
——驾驶操作人员必须听从道口管理人员的指挥;
——通过设有道口信号装置的铁路道口时,要遵守道口信号的规定;
——通过没有道口信号装置的无人看守道口时,必须停车瞭望,确认两端均无火车开来时,方准通行。

6.9 上、下坡行驶时,不准曲线行驶、急转弯和横坡掉头,不准在上、下坡途中换挡,下坡不准熄火或空挡滑行;坡路上必须停车时,须锁住制动踏板或采取可靠防滑措施。

6.10 通过河流、洼塘时检查河床的坚实性和水的深度,确认安全后,方可通行。采用中、低挡行驶,不准中途变速或停车。

6.11 冰雪道路行驶时,不准高速行驶、急转弯、急刹车,与同方向行驶车辆保持安全距离。

6.12 应装备故障警告标志牌。警告标志牌应具有反光功能。

7 收获作业

7.1 作业前准备

7.1.1 驾驶操作人员应熟知使用说明书中安全操作注意事项,了解危险部位安全标志的内容、灭火器有效期及安放位置,掌握灭火器使用方法。

7.1.2 应按使用说明书的要求,对收获机进行班次保养。

7.1.3 作业前,应了解作业地块中有无电杆及拉线、沟壑、水井等障碍物,对无法清除的障碍物应设置明显标志。地块坡度大于作业机型使用说明书中规定的允许值时,不得作业。

7.1.4 驾驶操作人员操作收获机时应扎紧衣服、袖口、裤管,避免被缠挂。

7.1.5 新购置的收获机在作业前应按照使用说明书要求的方法进行试运转。

7.1.6 作业前应确保作业区内无闲杂人员滞留、严禁吸烟和使用明火。

7.2 作业

7.2.1 作业过程中,除驾驶室内规定的人员外,收获机上不应有其他人员滞留。

7.2.2 作业时,禁止对收获机进行保养、调整、紧固、注油、换件、检修、清理和排除故障等项工作。

7.2.3 作业时应注意瞭望,遇到障碍物及时绕行。地头转弯时,鸣笛警示,注意周边人员和障碍物。

7.2.4 棉花转运车与收获机应保持安全距离。卸棉过程中,收获机驾驶操作人员与辅助人员应有明确的卸棉操作联系信号。

7.2.5 多台收获机在同一地块作业时,应保持安全距离。

7.2.6 及时检查湿润系统水箱和堵塞情况,避免干刷摘锭。

7.2.7 及时清理发动机裸露部分、排气管、散热网罩以及高速运转部件上的碎叶等杂物,防止起火,清理工作应在停机熄火、各部件停止运转后进行。不应徒手操作。

7.2.8 采摘台等部位出现缠绕或堵塞等情况,应立即停机熄火、待部件停止运转后进行清理,不应徒手操作。

7.2.9 发生冷却水沸腾时应停止作业,使发动机在无负荷状态下低速运转,待温度降低后再停机。禁止高温时拧开水箱盖以免被烫伤。

7.2.10 发动机在运转状态下,驾驶操作人员不应离开驾驶位置。离开时,应停机熄火,拔出启动钥匙。

7.2.11 收获机在作业和转移时发生事故的,驾驶操作人员应当:

——立即停止作业,保护现场,打开示警灯;

——收获机起火,应使用随车灭火器等及时灭火;

——造成人员伤害的,应立即采取措施,抢救受伤人员,因抢救受伤人员变动现场的,应标明位置,并立即向事故发生地农业机械化主管部门报告;

——造成人员死亡的,还应向事故发生地公安机关报告。

7.2.12 作业完成后,应清理全部杂物,存放在干燥场所。

———————————

ICS 65.060
B 93

中华人民共和国农业行业标准

NY/T 3336—2018

饲料粉碎机　安全操作规程

Codes of safety operation for feed mills

2018-12-19 发布
2019-06-01 实施

中华人民共和国农业农村部 发布

前　言

本标准按照 GB/T 1.1—2009 给出的规则起草。

本标准由农业农村部农业机械化管理司提出。

本标准由全国农业机械标准化技术委员会农业机械化分技术委员会(SAC/TC 201/SC 2)归口。

本标准起草单位:辽宁省农机质量监督管理站、四川省农业机械鉴定站。

本标准主要起草人:丁宁、陈军成、曲文涛、米洪友、吴义龙、白阳、孙本珠、崔向冬、崔跃峰、刘明国。

饲料粉碎机 安全操作规程

1 范围

本标准规定了饲料粉碎机安全操作的基本条件、机器安装、作业准备和粉碎作业时的安全操作要求。

本标准适用于单独作业的饲料粉碎机(以下简称粉碎机)的安全操作。

2 基本条件

2.1 机器条件

2.1.1 粉碎机应是合格产品,有出厂合格证,不应使用拼(改)装的粉碎机。

2.1.2 粉碎机的安全装置应齐全,功能应正常;粉碎机的安全警示标志应清晰、完整。

2.2 人员条件

2.2.1 操作人员应掌握粉碎机安全操作技能。

2.2.2 有下列情况之一的人员不得操作粉碎机:

——孕妇、未成年人和不具备完全行为能力的;

——饮酒或服用国家管制的精神药品和麻醉药品的;

——患有妨碍安全操作疾病或过度疲劳的。

2.3 场地条件

2.3.1 作业场所应宽敞、通风、远离火源,并留有退避空间。

2.3.2 工作场地应配有可靠的灭火设备。

3 机器安装

3.1 粉碎机应固定在坚实、平坦的地基上。

3.2 粉碎机应按照使用说明书规定选配动力。当采用内燃机或拖拉机作动力时,排气管应设防火装置,排气口应避开可燃物。

3.3 电源线宜采用铜导线,电源线及相关电器元件可承载的电流值应不低于电动机的额定电流。

3.4 电源开关应安装在操作者的活动范围内,电源开关和操作区域之间不应有障碍物。

3.5 粉碎机的电机应安装可靠的接地线和过载保护装置。

3.6 粉碎机宜使用出厂时配带的皮带轮,更换皮带轮时应保证其尺寸与原皮带轮一致。

3.7 连接动力时应确保粉碎机主轴和动力输出轴平行,对应皮带轮槽应处于同一回转平面,应按使用说明书要求调整好皮带松紧度,并安装防护装置。

3.8 电机安装完毕应进行试通电,应确保粉碎机旋转方向与转向标志所示方向相同。

3.9 应向轴承等需要润滑的部件内加入适量的润滑油。

4 作业准备

4.1 操作人员使用粉碎机前应仔细阅读使用说明书,并理解使用说明书中安全操作要求和安全标志所提示的内容。

4.2 应检查确认粉碎机转子上的锤片(或齿爪)、刀片、筛片等工作部件无裂纹、变形和松动,各紧固件拧紧,粉碎室内无异物,喂料口的磁性保护装置有效并牢固,粉碎室门锁紧。

4.3 更换零部件应按使用说明书要求或在有经验的维修人员指导下进行。更换锤片、齿爪或锤刀时，应成套更换，其质量差应符合使用说明书规定，使用说明书无相关规定或低于表1规定时，应按照表1要求执行；更换螺栓、螺母时，其强度等级应不低于更换前。

表 1　锤片、齿爪或锤刀的质量差要求

项　目	锤片式		齿爪式		立轴锤式
	转子盘直径 <320 mm	转子盘直径 ≥320 mm	转子盘直径 ≤250 mm	转子盘直径 >250 mm	
径向相对两组锤片(齿爪)质量差	≤3 g	≤5 g	≤0.5 g	≤1 g	/
锤刀质量差	/	/	/	/	≤2 g

4.4 操作人员应衣着紧凑，并扎紧领口、袖口，留长发的应盘绕发辫并戴工作帽。

4.5 操作人员应沟通顺畅，非操作人员不得进入工作场所。

4.6 带有自动上料装置的粉碎机，应检查并清理自动上料装置，保证其状态正常。

4.7 粉碎物料应在使用说明书明示的适用范围内，不应超范围使用粉碎机。

4.8 应清理待粉碎物料中的金属物、石块等杂物。

4.9 应确保饲料的妥善收集与存放，避免操作区域粉尘污染。

5　粉碎作业

5.1 每次作业前粉碎机应进行2 min～3 min空运转，运转应正常、平稳、无异常声响。发现异常应立即停机，切断动力，并按使用说明书进行调整。

5.2 应按使用说明书要求进行粉碎试运行，加料应由少到多直至均匀稳定喂料。

5.3 不应用手、脚等身体任何部位或棍棒等任何工具伸入粉碎机喂料口、出料口、风机进排风口以及其他危险运动件内。

5.4 不应攀爬、倚靠粉碎机。

5.5 发现下列异常情况之一时应立即切断动力，待粉碎机完全停止运转后方可进行清理和检查：
——喂料口、粉碎室、出料口等部位堵塞；
——旋转件崩损脱落；
——各部位紧固件松动；
——机架扭曲、开裂；
——突然出现异常声响；
——产生大量粉尘；
——主轴转速异常升高；
——突然断电；
——需加注燃油(使用内燃机或拖拉机为动力)；
——其他异常现象。

5.6 排除故障后，应清空粉碎室内的全部物料，并将排除故障时拆卸的安全防护装置恢复，确认安全后方可重新启动。

5.7 粉碎作业后应进行空运转，待粉碎机内部物料全部排除后方可停机。

5.8 停机后，应及时清理粉碎机内外的残留物和附着物。

ICS 65.150
B 94

中华人民共和国水产行业标准

SC/T 6010—2018
代替 SC/T 6010—2001

叶轮式增氧机通用技术条件

General technical conditions for impeller aerator

2018-12-19 发布
2019-06-01 实施

中华人民共和国农业农村部 发布

前　言

本标准按照 GB/T 1.1—2009 给出的规则起草。

请注意本文件的某些内容可能涉及专利。本文件的发布机构不承担识别这些专利的责任。

本标准代替 SC/T 6010—2001《叶轮增氧机技术条件》。与 SC/T 6010—2001 相比,除编辑性修改外主要内容变化如下:

——对标准名称进行了修改;

——修改了电动机输入电压波动范围(见5.2);

——修改了增氧机空运转噪声(声功率级)的要求(见表1);

——删除了原标准5.3.3;

——修改了增氧机净浮率的要求(见5.3.3);

——修改了电动机防护罩的要求(见5.4.2);

——增加了对产品说明书的要求(见5.4.5);

——修改了增氧机零部件选用要求(见5.5.2);

——修改了对电动机的要求(见5.6.4);

——修改了增氧机空运转试验的方法(见6.1);

——修改了浮体密封性试验的方法(见6.14);

——修改了产品型式检验要求(见7.2.1)。

本标准由农业农村部渔业渔政管理局提出。

本标准由全国水产标准化技术委员会(SAC/TC 156/SC 6)归口。

本标准起草单位:中国水产科学研究院渔业机械仪器研究所、浙江富地机械有限公司。

本标准起草人:钟伟、何雅萍、吴海钧、张祝利、顾海涛、吴姗姗、葛素。

本标准所代替标准的历次版本发布情况为:

—— SC/T 6010—2001。

叶轮式增氧机通用技术条件

1 范围

本标准规定了叶轮式增氧机的型号表示、技术要求、试验方法、检验规则、标志、包装、运输和储存的要求。

本标准适用于叶轮式增氧机。

2 规范性引用文件

下列文件对于本文件的应用是必不可少的。凡是注日期的引用文件,仅注日期的版本适用于本文件。凡是不注日期的引用文件,其最新版本(包括所有的修改单)适用于本文件。

GB 755 旋转电机 定额与性能

GB/T 3768 声学 声压法测定噪声源 声功率级 反射面上方采用包络测量表面的简易法

GB/T 9480 农林拖拉机和机械、草坪和园艺动力机械 使用说明书编写规则

GB/T 13306 标牌

GB/T 13384 机电产品包装通用技术条件

SC/T 6009 增氧机增氧能力试验方法

3 术语和定义

下列术语和定义适用于本文件。

3.1

净浮率 net buoyancy rate

一台增氧机全部浮体所产生的浮力总和与增氧机的总质量的比值。

4 型号表示

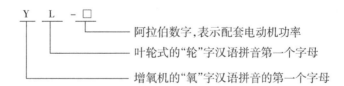

示例:

YL-3.0 表示电动机额定功率为 3.0 kW 的叶轮式增氧机。

5 技术要求

5.1 基本要求

增氧机应符合本标准要求,并按照经规定程序批准的产品图样及技术文件制造。如果用户有特殊要求时,按用户与制造方签订的合同规定制造,并应在该产品说明书中分述特殊要求。

5.2 工况条件

增氧机在下列工况条件下应能正常工作:

a) 环境空气温度为 0℃～40℃;

b) 电动机输入电压波动不超过额定值的±7%。

5.3 性能要求

SC/T 6010—2018

5.3.1 增氧机空载运行时应平稳,不得有异常声响及振动现象。

5.3.2 增氧机的增氧能力、动力效率、空运转噪声(声功率级)应符合表1要求。表1中未列出的型号规格,应符合制造方的明示标识。

表 1 增氧机增氧能力、动力效率及空运转噪声要求

型　号	配套功率 kW	增氧能力 kg/h	动力效率 kg/(kW·h)	空运转噪声 (声功率级) dB(A)
YL-0.75	0.75	≥1.2	≥1.4	≤90.0
YL-1.1	1.1	≥1.6	≥1.4	≤95.0
YL-1.5	1.5	≥2.3	≥1.5	≤95.0
YL-2.2	2.2	≥3.4	≥1.5	≤95.0
YL-3.0	3.0	≥4.5	≥1.5	≤95.0

5.3.3 增氧机的主机与浮体的连接应牢固,增氧机的净浮率应大于1.5。

5.3.4 增氧机应在明显部位标示或在使用说明书中说明叶轮的浸没深度和旋转方向。

5.3.5 在规定的使用条件下,增氧机首次故障前工作时间应不小于1 000 h。

5.4 安全要求

5.4.1 电动机绕组对机壳冷态绝缘电阻应大于1 MΩ,并标有明显的接地标识。

5.4.2 电动机应有防护罩(防护等级 IP65 的电机除外)。

5.4.3 增氧机减速箱不应有渗漏油。

5.4.4 增氧机的外表涂层应不含有水溶性有毒物质。

5.4.5 产品使用说明书的编写应符合 GB/T 9480 的规定,至少应包括下列内容:
 a) 使用增氧机之前,必须仔细阅读产品使用说明书;
 b) 增氧机应安全接地,接地应符合电工安全技术操作规程的要求,确保人身安全;
 c) 连接电源应由专业电工按照国家电工安全技术操作规程进行;
 d) 电路中必须安装漏电保护装置,防止线路漏电发生意外。

5.5 材料和外购件要求

5.5.1 制造增氧机的材料应符合有关标准规定的要求,应提供材料质量证明书。如无证明材料时须经制造方质量检验部门检验合格后方可使用。

5.5.2 增氧机如在海水中运行,有关零部件应做防腐处理或选用防腐材料。

5.6 主要零部件要求

5.6.1 铸件表面应经清理,不允许有影响使用性能的裂纹、缩孔、冷隔等缺陷。

5.6.2 焊接件应除净焊渣、氧化皮及溅粒,焊缝应平整、均匀、牢固,不允许有烧穿、裂纹及其他影响使用性能的缺陷。

5.6.3 浮体应满足增氧机的使用要求,不允许有渗漏或影响浮力的缺陷。

5.6.4 电动机应符合 GB 755 的要求,电动机定子绕组的温升(电阻法)应不超过80 K。

5.7 外观质量

增氧机的金属外露表面,外露的紧固件应做防锈处理;涂层应平整光滑,无露底,不应有气泡、留痕、起皱等缺陷。

6 试验方法

6.1 运转平稳性

将增氧机放在水平地面连续运行30 min,应符合5.3.1的要求。

6.2 增氧能力

按 SC/T 6009 的规定进行试验,其结果应符合 5.3.2 的要求。

6.3 动力效率

按 SC/T 6009 的规定进行试验,其结果应符合 5.3.2 的要求。

6.4 空运转噪声

按 GB/T 3768 的规定进行试验,其结果应符合 5.3.2 的要求。

6.5 冷态绝缘电阻及接地标识

用 500 V 兆欧表测量电动机绕组对机壳的冷态绝缘电阻,并检查电动机是否有接地标识。

6.6 防护装置

检查电动机是否有防护罩。

6.7 渗漏油

增氧机空运转 20 min,检查其减速箱是否渗漏油,并在增氧能力试验后再次检查是否有渗漏油现象。

6.8 涂层要求

由制造方提供涂层无毒证明文件。

6.9 净浮率

测量增氧机浮体的总体积和称出增氧机的总质量,按式(1)计算净浮率。

$$B = \frac{V\rho g}{gm} = \frac{V\rho}{m}$$ ·················· (1)

式中:

B ——净浮率;

V ——增氧机浮体的总体积,单位为立方米(m^3);

ρ ——水的密度,取 $1 \times 10^3 \, kg/m^3$;

g ——重力加速度,单位为米每二次方秒(m/s^2);

m ——增氧机的总质量,单位为千克(kg)。

6.10 标记

目测检查增氧机的标记,应符合 5.3.4 的规定。

6.11 铸件质量

目测检查增氧机的铸件,应符合 5.6.1 的规定。

6.12 焊接件质量

目测检查增氧机的焊接件,应符合 5.6.2 的规定。

6.13 外观质量

目测检查增氧机的外观,应符合 5.7 的规定。

6.14 浮体密封性

对于空心浮体,在增氧能力试验后检查是否有渗漏现象;对非空心浮体,检查浮体是否出现影响浮力的情况。

6.15 电动机温升试验

将增氧机置于试验池中,先测量电动机绕组 R_0 和绕组温度 θ_0,开机运行,待电动机温升达到热稳定后,测量电动机绕组 R_f 和冷却介质温度 θ_f,按式(2)计算绕组的温升值 $\Delta\theta$。

$$\Delta\theta = \frac{R_f - R_0}{R_0}(K_a + \theta_0) + \theta_0 - \theta_f$$ ·················· (2)

式中:

$\Delta\theta$ ——绕组的温升值,单位为开尔文(K);

R_f——试验结束时的绕组电阻,单位为欧(Ω);

R_0——试验开始时绕组电阻,单位为欧(Ω);

θ_f——试验结束时的冷却介质温度,单位为摄氏度(℃);

θ_0——试验开始时的绕组温度,单位为摄氏度(℃);

K_a——常数。对铜绕组,为235;对铝绕组,除另有规定外,应采用225。

6.16 首次故障前工作时间

从用户中抽样调查统计(限至少1年以上用户)。

7 检验规则

7.1 出厂检验

每台增氧机都应按5.3.1、5.3.4、5.4.1、5.4.2、5.4.3、5.4.5、5.6.1、5.6.2、5.6.3和5.7的要求进行出厂检验。

7.2 型式检验

7.2.1 有下列情况之一时,应进行型式检验:

a) 新产品或老产品转厂生产的试制定型鉴定;

b) 投产后在产品结构、材料、工艺上有较大改变,可能影响产品性能时;

c) 正常生产时,每2年进行一次;

d) 产品停产1年以上,恢复生产时;

e) 有关质量监督主管部门提出进行型式检验要求时。

7.2.2 型式检验时应对第5章(除5.3.5外)规定的所有项目进行检验。对5.3.5可根据具体情况由确定做型式检验的单位决定是否进行抽样调查。

7.2.3 抽样方法

型式检验在出厂检验合格的产品中随机抽样,除7.2.1 e)由有关部门确定外,批量小于等于200台时每次抽取2台,批量大于200台时每次抽取3台。

7.2.4 不合格分类

被检项目不符合本标准技术要求的均称为不合格。按对产品质量特征不符合的严重程度分为A类不合格,B类不合格,C类不合格。不合格分类见表2。

表2 不合格分类

分类	序号	检验项目	技术要求的条款	试验方法的条款
A类	1	增氧能力	5.3.2	6.2
	2	绝缘电阻及接地标识	5.4.1	6.5
	3	渗漏油	5.4.3	6.7
	4	浮体密封性	5.6.3	6.14
B类	1	动力效率	5.3.2	6.3
	2	防护装置	5.4.2	6.6
	3	涂层要求	5.4.4	6.8
	4	净浮率	5.3.3	6.9
	5	空运转噪声	5.3.2	6.4
	6	电动机温升试验	5.6.4	6.15
C类	1	运转稳定性	5.3.1	6.1
	2	标记	5.3.4	6.10
	3	铸件质量	5.6.1	6.11
	4	焊接件质量	5.6.2	6.12
	5	外观质量	5.7	6.13

7.2.5 型式试验判定规则

7.2.5.1 单台不合格判定数如下：

a) A类不合格的不合格判定数为1项；

b) B类不合格的不合格判定数为2项；

c) C类不合格的不合格判定数为3项；

d) B+C类不合格的不合格判定数为3项。

7.2.5.2 被检验的不合格数项数小于7.2.5.1规定时，则判定该产品为合格；大于或等于7.2.5.1规定时，则判定该台产品为不合格。

7.2.5.3 每次抽样的样品经检测应全部合格则判定该批次产品为合格品，其中有一台不合格则判定该批次产品为不合格。

8 标志、包装、运输和储存

8.1 标志

每台增氧机应在明显部位固定耐久性产品标牌，标牌尺寸和要求应符合GB/T 13306的规定，标牌上至少应有下列内容：

a) 产品的型号和名称；

b) 主要技术参数（增氧能力、电压、配套功率和总重量）；

c) 出厂编号或生产日期；

d) 制造厂名称；

e) 执行标准号。

8.2 包装

8.2.1 包装的技术要求应符合GB/T 13384的规定，也可以由用户与制造方协商而定，但制造方应采取必要的防护措施。

8.2.2 每台增氧机出厂时应附有下列技术文件，并装在防水防潮的文件袋内：

a) 装箱单；

b) 产品出厂合格证；

c) 产品使用说明书。

8.3 运输

增氧机在装运过程中不得翻滚和倒置。

8.4 储存

增氧机应存放在干燥、通风且无腐蚀性气体的室内。

———————————

附录

中华人民共和国农业部公告
第 2656 号

《农产品分类与代码》等 68 项标准业经专家审定通过,现批准发布为中华人民共和国农业行业标准,自 2018 年 6 月 1 日起实施。

特此公告。

附件:《农产品分类与代码》等 68 项农业行业标准目录

农业部
2018 年 3 月 15 日

附件：

《农产品分类与代码》等 68 项农业行业标准目录

序号	标准号	标准名称	代替标准号
1	NY/T 3177—2018	农产品分类与代码	
2	NY/T 3178—2018	水稻良种繁育基地建设标准	
3	NY/T 3179—2018	甘蔗脱毒种苗检测技术规范	
4	NY/T 3180—2018	土壤墒情监测数据采集规范	
5	NY/T 3181—2018	缓释类肥料肥效田间评价技术规程	
6	NY/T 1979—2018	肥料和土壤调理剂　标签及标明值判定要求	NY 1979—2010
7	NY/T 1980—2018	肥料和土壤调理剂　急性经口毒性试验及评价要求	NY 1980—2010
8	NY/T 3182—2018	鹅肥肝生产技术规范	
9	NY/T 3183—2018	圩猪	
10	NY/T 3184—2018	肝用鹅生产性能测定技术规程	
11	NY/T 3185—2018	家兔人工授精技术规程	
12	NY/T 3186—2018	羊冷冻精液生产技术规程	
13	NY/T 3187—2018	草种子检验规程　活力的人工加速老化测定	
14	NY/T 3188—2018	鸭浆膜炎诊断技术	
15	NY/T 571—2018	马腺疫诊断技术	NY/T 571—2002
16	NY/T 1185—2018	马流行性感冒诊断技术	NY/T 1185—2006
17	NY/T 3189—2018	猪饲养场兽医卫生规范	
18	NY/T 1466—2018	动物棘球蚴病诊断技术	NY/T 1466—2007
19	NY/T 3190—2018	猪副伤寒诊断技术	
20	NY/T 3191—2018	奶牛酮病诊断及群体风险监测技术	
21	NY/T 3192—2018	木薯变性燃料乙醇生产技术规程	
22	NY/T 3193—2018	香蕉等级规格	
23	NY/T 3194—2018	剑麻　叶片	
24	NY/T 3195—2018	热带作物种质资源抗病虫鉴定技术规程　橡胶树棒孢霉落叶病	
25	NY/T 3196—2018	热带作物病虫害检测鉴定技术规程　芒果畸形病	
26	NY/T 3197—2018	热带作物种质资源抗病虫鉴定技术规程　橡胶树炭疽病	
27	NY/T 3198—2018	热带作物种质资源抗病虫性鉴定技术规程　芒果细菌性黑斑病	
28	NY/T 3199—2018	热带作物主要病虫害防治技术规程　木菠萝	
29	NY/T 3200—2018	香蕉种苗繁育技术规程	
30	NY/T 3201—2018	辣木生产技术规程	
31	NY/T 3202—2018	标准化剑麻园建设规范	
32	NY/T 2667.8—2018	热带作物品种审定规范　第8部分:菠萝	
33	NY/T 2668.8—2018	热带作物品种试验技术规程　第8部分:菠萝	
34	NY/T 2667.9—2018	热带作物品种审定规范　第9部分:枇杷	
35	NY/T 2668.9—2018	热带作物品种试验技术规程　第9部分:枇杷	
36	NY/T 2667.10—2018	热带作物品种审定规范　第10部分:番木瓜	
37	NY/T 2668.10—2018	热带作物品种试验技术规程　第10部分:番木瓜	

附　录

（续）

序号	标准号	标准名称	代替标准号
38	NY/T 462—2018	天然橡胶初加工机械　燃油炉　质量评价技术规范	NY/T 462—2001
39	NY/T 262—2018	天然橡胶初加工机械　绉片机	NY/T 262—2003
40	NY/T 3203—2018	天然橡胶初加工机械　乳胶离心沉降器　质量评价技术规范	
41	NY/T 3204—2018	农产品质量安全追溯操作规程　水产品	
42	NY/T 3205—2018	农业机械化管理统计数据审核	
43	NY/T 3206—2018	温室工程　催芽室性能测试方法	
44	NY/T 1550—2018	风送式喷雾机　质量评价技术规范	NY/T 1550—2007
45	NY/T 3207—2018	农业轮式拖拉机技术水平评价方法	
46	NY/T 3208—2018	旋耕机　修理质量	
47	NY/T 3209—2018	铡草机　安全操作规程	
48	NY/T 990—2018	马铃薯种植机械　作业质量	NY/T 990—2006
49	NY/T 3210—2018	农业通风机　性能测试方法	
50	NY/T 3211—2018	农业通风机　节能选用规范	
51	NY/T 346—2018	拖拉机和联合收割机驾驶证	NY 346—2007 NY 1371—2007
52	NY/T 347—2018	拖拉机和联合收割机行驶证	NY 347.1～ 347.2—2005
53	NY/T 3212—2018	拖拉机和联合收割机登记证书	
54	NY/T 3213—2018	植保无人飞机　质量评价技术规范	
55	NY/T 1408.4—2018	农业机械化水平评价　第4部分:农产品初加工	
56	NY/T 3214—2018	统收式棉花收获机　作业质量	
57	NY/T 1412—2018	甜菜收获机械　作业质量	NY/T 1412—2007
58	NY/T 1451—2018	温室通风设计规范	NY/T 1451—2007
59	NY/T 1772—2018	拖拉机驾驶培训机构通用要求	NY/T 1772—2009
60	NY/T 3215—2018	拖拉机和联合收割机检验合格标志	
61	NY/T 3216—2018	发芽糙米	
62	NY/T 3217—2018	发酵菜籽粕加工技术规程	
63	NY/T 3218—2018	食用小麦麸皮	
64	NY/T 3219—2018	机采机制茶叶加工技术规程　长炒青	
65	NY/T 3220—2018	食用菌包装及储运技术规范	
66	NY/T 3221—2018	橙汁胞等级规格	
67	NY/T 3222—2018	工夫红茶加工技术规范	
68	NY/T 3223—2018	日光温室设计规范	

中华人民共和国农业农村部公告
第 23 号

一、《畜禽屠宰术语》等 57 项标准业经专家审定通过，现批准发布为中华人民共和国农业行业标准，自 2018 年 9 月 1 日起实施。

二、自本公告发布之日起废止《饲料级混合油》(NY/T 913—2004)农业行业标准。

特此公告。

附件:《畜禽屠宰术语》等 57 项农业行业标准目录

农业农村部

2018 年 5 月 7 日

附　录

附件：

《畜禽屠宰术语》等 57 项农业行业标准目录

序号	标准号	标准名称	代替标准号
1	NY/T 3224—2018	畜禽屠宰术语	
2	NY/T 3225—2018	畜禽屠宰冷库管理规范	
3	NY/T 3226—2018	生猪宰前管理规范	
4	NY/T 3227—2018	屠宰企业畜禽及其产品抽样操作规范	
5	NY/T 3228—2018	畜禽屠宰企业信息系统建设与管理规范	
6	NY/T 3229—2018	苏禽绿壳蛋鸡	
7	NY/T 3230—2018	京海黄鸡	
8	NY/T 3231—2018	苏邮 1 号蛋鸭	
9	NY/T 3232—2018	太湖鹅	
10	NY/T 3233—2018	鸭坦布苏病毒病诊断技术	
11	NY/T 560—2018	小鹅瘟诊断技术	NY/T 560—2002
12	NY/T 3234—2018	牛支原体 PCR 检测方法	
13	NY/T 3235—2018	羊传染性脓疱诊断技术	
14	NY/T 3236—2018	活动物跨省调运风险分析指南	
15	NY/T 3237—2018	猪繁殖与呼吸综合征间接 ELISA 抗体检测方法	
16	NY/T 3238—2018	热带作物种质资源　术语	
17	NY/T 454—2018	澳洲坚果　种苗	NY/T 454—2001
18	NY/T 3239—2018	沼气工程远程监测技术规范	
19	NY/T 288—2018	绿色食品　茶叶	NY/T 288—2012
20	NY/T 436—2018	绿色食品　蜜饯	NY/T 436—2009
21	NY/T 471—2018	绿色食品　饲料及饲料添加剂使用准则	NY/T 471—2010、NY/T 2112—2011
22	NY/T 749—2018	绿色食品　食用菌	NY/T 749—2012
23	NY/T 1041—2018	绿色食品　干果	NY/T 1041—2010
24	NY/T 1050—2018	绿色食品　龟鳖类	NY/T 1050—2006
25	NY/T 1053—2018	绿色食品　味精	NY/T 1053—2006
26	NY/T 1327—2018	绿色食品　鱼糜制品	NY/T 1327—2007
27	NY/T 1328—2018	绿色食品　鱼罐头	NY/T 1328—2007
28	NY/T 1406—2018	绿色食品　速冻蔬菜	NY/T 1406—2007
29	NY/T 1407—2018	绿色食品　速冻预包装面米食品	NY/T 1407—2007
30	NY/T 1712—2018	绿色食品　干制水产品	NY/T 1712—2009
31	NY/T 1713—2018	绿色食品　茶饮料	NY/T 1713—2009
32	NY/T 2104—2018	绿色食品　配制酒	NY/T 2104—2011
33	NY/T 3240—2018	动物防疫应急物资储备库建设标准	
34	SC/T 1136—2018	蒙古鲌	
35	SC/T 2083—2018	鼠尾藻	
36	SC/T 2084—2018	金乌贼	

（续）

序号	标准号	标准名称	代替标准号
37	SC/T 2086—2018	圆斑星鲽　亲鱼和苗种	
38	SC/T 2088—2018	扇贝工厂化繁育技术规范	
39	SC/T 4039—2018	合成纤维渔网线试验方法	
40	SC/T 4043—2018	渔用聚酯经编网通用技术要求	
41	SC/T 8030—2018	渔船气胀救生筏筏架	
42	SC/T 8144—2018	渔船鱼舱玻璃纤维增强塑料内胆制作技术要求	
43	SC/T 8154—2018	玻璃纤维增强塑料渔船真空导入成型工艺技术要求	
44	SC/T 8155—2018	玻璃纤维增强塑料渔船船体脱模技术要求	
45	SC/T 8156—2018	玻璃钢渔船水密舱壁制作技术要求	
46	SC/T 8161—2018	渔业船舶铝合金上层建筑施工技术要求	
47	SC/T 8165—2018	渔船 LED 水上集鱼灯装置技术要求	
48	SC/T 8166—2018	大型渔船冷盐水冻结舱钢质内胆制作技术要求	
49	SC/T 8169—2018	渔船救生筏安装技术要求	
50	SC/T 9601—2018	水生生物湿地类型划分	
51	SC/T 9602—2018	灌江纳苗技术规程	
52	SC/T 9603—2018	白鲸饲养规范	
53	SC/T 9604—2018	海龟饲养规范	
54	SC/T 9605—2018	海狮饲养规范	
55	SC/T 9606—2018	斑海豹饲养规范	
56	SC/T 9607—2018	水生哺乳动物医疗记录规范	
57	SC/T 9608—2018	鲸类运输操作规程	

国家卫生健康委员会
农　业　农　村　部
国家市场监督管理总局
公　　告
2018 年第 6 号

　　根据《中华人民共和国食品安全法》规定,经食品安全国家标准审评委员会审查通过,现发布《食品安全国家标准　食品中百草枯等 43 种农药最大残留限量》(GB 2763.1—2018)等 9 项食品安全国家标准。其编号和名称如下:

　　GB 2763.1—2018 食品安全国家标准　食品中百草枯等 43 种农药最大残留限量

　　GB 23200.108—2018 食品安全国家标准　植物源性食品中草铵膦残留量的测定　液相色谱-质谱联用法

　　GB 23200.109—2018 食品安全国家标准　植物源性食品中二氯吡啶酸残留量的测定　液相色谱-质谱联用法

　　GB 23200.110—2018 食品安全国家标准　植物源性食品中氯吡脲残留量的测定　液相色谱-质谱联用法

　　GB 23200.111—2018 食品安全国家标准　植物源性食品中唑嘧磺草胺残留量的测定　液相色谱-质谱联用法

　　GB 23200.112—2018 食品安全国家标准　植物源性食品中 9 种氨基甲酸酯类农药及其代谢物残留量的测定　液相色谱-柱后衍生法

　　GB 23200.113—2018 食品安全国家标准　植物源性食品中 208 种农药及其代谢物残留量的测定　气相色谱-质谱联用法

　　GB 23200.114—2018 食品安全国家标准　植物源性食品中灭瘟素残留量的测定　液相色谱-质谱联用法

　　GB 23200.115—2018 食品安全国家标准　鸡蛋中氟虫腈及其代谢物残留量的测定　液相色谱-质谱联用法

　　以上标准自发布之日起 6 个月正式实施。

国家卫生健康委员会
农业农村部
国家市场监督管理总局
2018 年 6 月 21 日

中华人民共和国农业农村部公告
第 50 号

　　《肥料登记田间试验通则》等 89 项标准业经专家审定通过,现批准发布为中华人民共和国农业行业标准,自 2018 年 12 月 1 日起实施。
　　特此公告。

　　附件:《肥料登记田间试验通则》等 89 项农业行业标准目录

农业农村部

2018 年 7 月 27 日

附　录

附件：

《肥料登记田间试验通则》等 89 项农业行业标准目录

序号	标准号	标准名称	代替标准号
1	NY/T 3241—2018	肥料登记田间试验通则	
2	NY/T 3242—2018	土壤水溶性钙和水溶性镁的测定	
3	NY/T 3243—2018	棉花膜下滴灌水肥一体化技术规程	
4	NY/T 3244—2018	设施蔬菜灌溉施肥技术通则	
5	NY/T 3245—2018	水稻叠盘出苗育秧技术规程	
6	NY/T 3246—2018	北部冬麦区小麦栽培技术规程	
7	NY/T 3247—2018	长江中下游冬麦区小麦栽培技术规程	
8	NY/T 3248—2018	西南冬麦区小麦栽培技术规程	
9	NY/T 3249—2018	东北春麦区小麦栽培技术规程	
10	NY/T 3250—2018	高油酸花生	
11	NY/T 3251—2018	西北内陆棉区中长绒棉栽培技术规程	
12	NY/T 3252.1—2018	工业大麻种子　第 1 部分:品种	
13	NY/T 3252.2—2018	工业大麻种子　第 2 部分:种子质量	
14	NY/T 3252.3—2018	工业大麻种子　第 3 部分:常规种繁育技术规程	
15	NY/T 1609—2018	水稻条纹叶枯病测报技术规范	NY/T 1609—2008
16	NY/T 3253—2018	农作物害虫性诱监测技术规范(夜蛾类)	
17	NY/T 3254—2018	菜豆象监测规范	
18	NY/T 3255—2018	小麦全蚀病监测与防控技术规范	
19	NY/T 3256—2018	棉花抗烟粉虱性鉴定技术规程	
20	NY/T 3257—2018	水稻稻瘟病抗性室内离体叶片鉴定技术规程	
21	NY/T 3258—2018	油菜品种菌核病抗性离体鉴定技术规程	
22	NY/T 3259—2018	黄河流域棉田盲椿象综合防治技术规程	
23	NY/T 3260—2018	黄淮海夏玉米病虫草害综合防控技术规程	
24	NY/T 3261—2018	二点委夜蛾综合防控技术规程	
25	NY/T 3262—2018	番茄褪绿病毒病综合防控技术规程	
26	NY/T 3263.1—2018	主要农作物蜜蜂授粉及病虫害绿色防控技术规程　第 1 部分:温室果蔬(草莓、番茄)	
27	NY/T 3264—2018	农用微生物菌剂中芽胞杆菌的测定	
28	NY/T 2062.5—2018	天敌昆虫防治靶标生物田间药效试验准则　第 5 部分:烟蚜茧蜂防治保护地桃蚜	
29	NY/T 2062.6—2018	天敌昆虫防治靶标生物田间药效试验准则　第 6 部分:大草蛉防治保护地桃蚜	
30	NY/T 2063.5—2018	天敌昆虫室内饲养方法准则　第 5 部分:烟蚜茧蜂室内饲养方法	
31	NY/T 2063.6—2018	天敌昆虫室内饲养方法准则　第 6 部分:大草蛉室内饲养方法	
32	NY/T 3265.1—2018	丽蚜小蜂使用规范　第 1 部分:防控蔬菜温室粉虱	
33	NY/T 3266—2018	境外引进农业植物种苗隔离检疫场所管理规范	

（续）

序号	标准号	标准名称	代替标准号
34	NY/T 3267—2018	马铃薯甲虫防控技术规程	
35	NY/T 3268—2018	柑橘溃疡病防控技术规程	
36	NY/T 701—2018	莼菜	NY/T 701—2003
37	NY/T 3269—2018	脱水蔬菜　甘蓝类	
38	NY/T 3270—2018	黄秋葵等级规格	
39	NY/T 3271—2018	甘蔗等级规格	
40	NY/T 3272—2018	棉纤维物理性能试验方法　AFIS单纤维测试仪法	
41	NY/T 3273—2018	难处理农药水生生物毒性试验指南	
42	NY/T 3274—2018	化学农药　穗状狐尾藻毒性试验准则	
43	NY/T 3275.1—2018	化学农药　天敌昆虫慢性接触毒性试验准则　第1部分：七星瓢虫	
44	NY/T 3275.2—2018	化学农药　天敌昆虫慢性接触毒性试验准则　第2部分：赤眼蜂	
45	NY/T 3276—2018	化学农药　水体田间消散试验准则	
46	NY/T 3277—2018	水中88种农药及代谢物残留量的测定　液相色谱-串联质谱法和气相色谱-串联质谱法	
47	NY/T 3278.1—2018	微生物农药　环境增殖试验准则　第1部分：土壤	
48	NY/T 3278.2—2018	微生物农药　环境增殖试验准则　第2部分：水	
49	NY/T 3278.3—2018	微生物农药　环境增殖试验准则　第3部分：植物叶面	
50	NY/T 1464.68—2018	农药田间药效试验准则　第68部分：杀虫剂防治杨梅果蝇	
51	NY/T 1464.69—2018	农药田间药效试验准则　第69部分：杀虫剂防治樱桃梨小食心虫	
52	NY/T 1464.70—2018	农药田间药效试验准则　第70部分：杀菌剂防治茭白胡麻叶斑病	
53	NY/T 1464.71—2018	农药田间药效试验准则　第71部分：杀菌剂防治杨梅褐斑病	
54	NY/T 1464.72—2018	农药田间药效试验准则　第72部分：杀菌剂防治猕猴桃溃疡病	
55	NY/T 1464.73—2018	农药田间药效试验准则　第73部分：杀菌剂防治烟草病毒病	
56	NY/T 1464.74—2018	农药田间药效试验准则　第74部分：除草剂防治葱田杂草	
57	NY/T 1464.75—2018	农药田间药效试验准则　第75部分：植物生长调节剂保鲜切花	
58	NY/T 1464.76—2018	农药田间药效试验准则　第76部分：植物生长调节剂促进花生生长	
59	NY/T 3279.1—2018	病毒微生物农药　苜蓿银纹夜蛾核型多角体病毒　第1部分：苜蓿银纹夜蛾核型多角体病毒母药	
60	NY/T 3279.2—2018	病毒微生物农药　苜蓿银纹夜蛾核型多角体病毒　第2部分：苜蓿银纹夜蛾核型多角体病毒悬浮剂	

附　录

（续）

序号	标准号	标准名称	代替标准号
61	NY/T 3280.1—2018	病毒微生物农药　棉铃虫核型多角体病毒　第1部分:棉铃虫核型多角体病毒母药	
62	NY/T 3280.2—2018	病毒微生物农药　棉铃虫核型多角体病毒　第2部分:棉铃虫核型多角体病毒水分散粒剂	
63	NY/T 3280.3—2018	病毒微生物农药　棉铃虫核型多角体病毒　第3部分:棉铃虫核型多角体病毒悬浮剂	
64	NY/T 3281.1—2018	病毒微生物农药　小菜蛾颗粒体病毒　第1部分:小菜蛾颗粒体病毒悬浮剂	
65	NY/T 3282.1—2018	真菌微生物农药　金龟子绿僵菌　第1部分:金龟子绿僵菌母药	
66	NY/T 3282.2—2018	真菌微生物农药　金龟子绿僵菌　第2部分:金龟子绿僵菌油悬浮剂	
67	NY/T 3282.3—2018	真菌微生物农药　金龟子绿僵菌　第3部分:金龟子绿僵菌可湿性粉剂	
68	NY/T 3283—2018	化学农药相同原药认定规范	
69	NY/T 3284—2018	农药固体制剂傅里叶变换衰减全反射红外光谱采集操作规程	
70	NY/T 788—2018	农作物中农药残留试验准则	NY/T 788—2004
71	NY/T 3285—2018	播娘蒿对乙酰乳酸合成酶抑制剂类除草剂靶标抗性检测技术规程	
72	NY/T 3286—2018	荠菜对乙酰乳酸合成酶抑制剂类除草剂靶标抗性检测技术规程	
73	NY/T 3287—2018	日本看麦娘对乙酰辅酶A羧化酶抑制剂类除草剂靶标抗性检测技术规程	
74	NY/T 3288—2018	菵草对乙酰辅酶A羧化酶抑制剂类除草剂靶标抗性检测技术规程	
75	NY/T 3289—2018	加工用梨	
76	NY/T 3290—2018	水果、蔬菜及其制品中酚酸含量的测定　液质联用法	
77	NY/T 3291—2018	食用菌菌渣发酵技术规程	
78	NY/T 3292—2018	蔬菜中甲醛含量的测定　高效液相色谱法	
79	NY/T 3293—2018	黄曲霉生防菌活性鉴定技术规程	
80	NY/T 3294—2018	食用植物油料油脂中风味挥发物质的测定　气相色谱质谱法	
81	NY/T 3295—2018	油菜籽中芥酸、硫代葡萄糖苷的测定　近红外光谱法	
82	NY/T 3296—2018	油菜籽中硫代葡萄糖苷的测定　液相色谱-串联质谱法	
83	NY/T 3297—2018	油菜籽中总酚、生育酚的测定　近红外光谱法	
84	NY/T 3298—2018	植物油料中粗蛋白质的测定　近红外光谱法	
85	NY/T 3299—2018	植物油料中油酸、亚油酸的测定　近红外光谱法	
86	NY/T 3300—2018	植物源性油料油脂中甘油三酯的测定　液相色谱-串联质谱法	
87	NY/T 3301—2018	农作物主要病虫自然危害损失率测算准则	
88	NY/T 3302—2018	小麦主要病虫害全生育期综合防治技术规程	
89	NY/T 3303—2018	葡萄无病毒苗木繁育技术规程	

中华人民共和国农业农村部公告
第 111 号

　　根据《中华人民共和国农业转基因生物安全管理条例》规定,《转基因植物及其产品成分检测　基因组 DNA 标准物质制备技术规范》等 17 项标准业经专家审定通过,现批准发布为中华人民共和国国家标准,自 2019 年 6 月 1 日起实施。
　　特此公告。

　　附件:《转基因植物及其产品成分检测　基因组 DNA 标准物质制备技术规范》等 17 项国家标准目录

农业农村部

2018 年 12 月 19 日

附 录

附件：

《转基因植物及其产品成分检测 基因组 DNA 标准物质制备技术规范》等 17 项国家标准目录

序号	标准号	标准名称	代替标准号
1	农业农村部公告第 111 号—1—2018	转基因植物及其产品成分检测 基因组 DNA 标准物质制备技术规范	
2	农业农村部公告第 111 号—2—2018	转基因植物及其产品成分检测 基因组 DNA 标准物质定值技术规范	
3	农业农村部公告第 111 号—3—2018	转基因植物及其产品成分检测 抗虫耐除草剂棉花 GHB119 及其衍生品种定性 PCR 方法	
4	农业农村部公告第 111 号—4—2018	转基因植物及其产品成分检测 抗虫耐除草剂棉花 T304-40 及其衍生品种定性 PCR 方法	
5	农业农村部公告第 111 号—5—2018	转基因植物及其产品成分检测 抗虫水稻 T2A-1 及其衍生品种定性 PCR 方法	
6	农业农村部公告第 111 号—6—2018	转基因植物及其产品成分检测 抗病番木瓜 55-1 及其衍生品种定性 PCR 方法	
7	农业农村部公告第 111 号—7—2018	转基因植物及其产品成分检测 抗虫玉米 Bt506 及其衍生品种定性 PCR 方法	
8	农业农村部公告第 111 号—8—2018	转基因植物及其产品成分检测 耐除草剂玉米 C0010.1.1 及其衍生品种定性 PCR 方法	
9	农业农村部公告第 111 号—9—2018	转基因植物及其产品成分检测 抗虫大豆 DAS-81419-2 及其衍生品种定性 PCR 方法	
10	农业农村部公告第 111 号—10—2018	转基因植物及其产品成分检测 耐除草剂大豆 SYHT0H2 及其衍生品种定性 PCR 方法	
11	农业农村部公告第 111 号—11—2018	转基因植物及其产品成分检测 耐除草剂大豆 DAS-44406-6 及其衍生品种定性 PCR 方法	
12	农业农村部公告第 111 号—12—2018	转基因动物及其产品成分检测 合成的 ω-3 脂肪酸去饱和酶基因（sFat-1）定性 PCR 方法	
13	农业农村部公告第 111 号—13—2018	转基因植物环境安全检测 外源杀虫蛋白对非靶标生物影响 第 1 部分：日本通草蛉幼虫	
14	农业农村部公告第 111 号—14—2018	转基因植物环境安全检测 外源杀虫蛋白对非靶标生物影响 第 2 部分：日本通草蛉成虫	
15	农业农村部公告第 111 号—15—2018	转基因植物环境安全检测 外源杀虫蛋白对非靶标生物影响 第 3 部分：龟纹瓢虫幼虫	
16	农业农村部公告第 111 号—16—2018	转基因植物环境安全检测 外源杀虫蛋白对非靶标生物影响 第 4 部分：龟纹瓢虫成虫	
17	农业农村部公告第 111 号—17—2018	转基因生物良好实验室操作规范 第 2 部分：环境安全检测	

中华人民共和国农业农村部公告
第 112 号

《农产品检测样品管理技术规范》等 79 项标准业经专家审定通过,现批准发布为中华人民共和国农业行业标准,自 2019 年 6 月 1 日起实施。
特此公告。

附件:《农产品检测样品管理技术规范》等 79 项农业行业标准目录

农业农村部
2018 年 12 月 19 日

附　录

附件：

《农产品检测样品管理技术规范》等 79 项农业行业标准目录

序号	标准号	标准名称	代替标准号
1	NY/T 3304—2018	农产品检测样品管理技术规范	
2	NY/T 3305—2018	草原生态牧场管理技术规范	
3	NY/T 3306—2018	草原有毒棘豆防控技术规程	
4	NY/T 3307—2018	动物毛纤维源性成分鉴定　实时荧光定性 PCR 法	
5	NY/T 3308—2018	动物皮张源性成分鉴定　实时荧光定性 PCR 法	
6	NY/T 3309—2018	肉类源性成分鉴定　实时荧光定性 PCR 法	
7	NY/T 3310—2018	苏丹草和高丹草品种真实性鉴别　SSR 标记法	
8	NY/T 3311—2018	莱芜黑山羊	
9	NY/T 3312—2018	宜昌白山羊	
10	NY/T 3313—2018	生乳中 β-内酰胺酶的测定	
11	NY/T 3314—2018	生乳中黄曲霉毒素 M_1 控制技术规范	
12	NY/T 1234—2018	牛冷冻精液生产技术规程	NY/T 1234—2006
13	NY/T 3315—2018	饲料原料　骨源磷酸氢钙	
14	NY/T 3316—2018	饲料原料　酿酒酵母提取物	
15	NY/T 3317—2018	饲料原料　甜菜粕颗粒	
16	NY/T 3318—2018	饲料中钙、钠、磷、镁、钾、铁、锌、铜、锰、钴和钼的测定　原子发射光谱法	
17	NY/T 3319—2018	植物性饲料原料中镉的测定　直接进样原子荧光法	
18	NY/T 3320—2018	饲料中苏丹红等 8 种脂溶性色素的测定　液相色谱-串联质谱法	
19	NY/T 3321—2018	饲料中 L-肉碱的测定	
20	NY/T 3322—2018	饲料中柠檬黄等 7 种水溶性色素的测定　高效液相色谱法	
21	NY/T 688—2018	橡胶树品种类型	NY/T 688—2003
22	NY/T 607—2018	橡胶树育种技术规程	NY/T 607—2002
23	NY/T 1686—2018	橡胶树育苗技术规程	NY/T 1686—2009
24	NY/T 3323—2018	橡胶树损伤鉴定	
25	NY/T 1811—2018	天然生胶　凝胶制备的技术分级橡胶生产技术规程	NY/T 1811—2009
26	NY/T 3324—2018	剑麻制品　包装、标识、储存和运输	
27	NY/T 3325—2018	菠萝叶纤维麻条	
28	NY/T 3326—2018	菠萝叶纤维精干麻	
29	NY/T 258—2018	剑麻加工机械　理麻机	NY/T 258—2007
30	NY/T 3327—2018	莲雾　种苗	
31	NY/T 3328—2018	辣木种苗生产技术规程	
32	NY/T 3329—2018	咖啡种苗生产技术规程	
33	NY/T 2667.11—2018	热带作物品种审定规范　第 11 部分:胡椒	
34	NY/T 2667.12—2018	热带作物品种审定规范　第 12 部分:椰子	
35	NY/T 2668.11—2018	热带作物品种试验技术规程　第 11 部分:胡椒	
36	NY/T 2668.12—2018	热带作物品种试验技术规程　第 12 部分:椰子	

（续）

序号	标准号	标准名称	代替标准号
37	NY/T 3330—2018	辣木鲜叶储藏保鲜技术规程	
38	NY/T 3331—2018	热带作物品种资源抗病虫鉴定技术规程　咖啡锈病	
39	NY/T 484—2018	毛叶枣	NT/T 484—2002
40	NY/T 1521—2018	澳洲坚果　带壳果	NY/T 1521—2007
41	NY/T 691—2018	番木瓜	NY/T 691—2003
42	NY/T 3332—2018	热带作物种质资源抗病性鉴定技术规程　荔枝霜疫霉病	
43	NY/T 3333—2018	芒果采收及采后处理技术规程	
44	NY/T 3334—2018	农业机械　自动导航辅助驾驶系统　质量评价技术规范	
45	NY/T 3335—2018	棉花收获机　安全操作规程	
46	NY/T 3336—2018	饲料粉碎机　安全操作规程	
47	NY/T 1645—2018	谷物联合收割机适用性评价方法	NY/T 1645—2008
48	NY/T 3337—2018	生物质气化集中供气站建设标准	NYJ/09—2005
49	NY/T 3338—2018	杏干产品等级规格	
50	NY/T 3339—2018	甘薯储运技术规程	
51	NY/T 3340—2018	叶用芥菜腌制加工技术规程	
52	NY/T 3341—2018	油菜籽脱皮低温压榨制油生产技术规程	
53	NY/T 629—2018	蜂胶及其制品	NY/T 629—2002
54	NY/T 3342—2018	花生中白藜芦醇及白藜芦醇苷异构体含量的测定　超高效液相色谱法	
55	NY/T 3343—2018	耕地污染治理效果评价准则	
56	SC/T 2078—2018	褐菖鲉	
57	SC/T 2082—2018	坛紫菜	
58	SC/T 2087—2018	泥蚶　亲贝和苗种	
59	SC/T 2089—2018	大黄鱼繁育技术规范	
60	SC/T 3035—2018	水产品包装、标识通则	
61	SC/T 3051—2018	盐渍海蜇加工技术规程	
62	SC/T 3052—2018	干制坛紫菜加工技术规程	
63	SC/T 3207—2018	干贝	SC/T 3207—2000
64	SC/T 3221—2018	蛤蜊干	
65	SC/T 3310—2018	海参粉	
66	SC/T 3311—2018	即食海蜇	
67	SC/T 3403—2018	甲壳素、壳聚糖	SC/T 3403—2004
68	SC/T 3405—2018	海藻中褐藻酸盐、甘露醇含量的测定	
69	SC/T 3406—2018	褐藻渣粉	
70	SC/T 4041—2018	高密度聚乙烯框架深水网箱通用技术要求	
71	SC/T 4042—2018	渔用聚丙烯纤维通用技术要求	
72	SC/T 4044—2018	海水普通网箱通用技术要求	
73	SC/T 4045—2018	水产养殖网箱浮筒通用技术要求	
74	SC/T 5706—2018	金鱼分级　草金鱼	
75	SC/T 5707—2018	金鱼分级　和金	
76	SC/T 6010—2018	叶轮式增氧机通用技术条件	SC/T 6010—2001
77	SC/T 6076—2018	渔船应急无线电示位标技术要求	
78	SC/T 7002.8—2018	渔船用电子设备环境试验条件和方法　正弦振动	SC/T 7002.8—1992
79	SC/T 7002.10—2018	渔船用电子设备环境试验条件和方法　外壳防护	SC/T 7002.10—1992

图书在版编目（CIP）数据

中国农业行业标准汇编 .2020. 农机分册/农业标准出版分社编 . —北京：中国农业出版社，2020.1
（中国农业标准经典收藏系列）
ISBN 978-7-109-26133-4

Ⅰ. ①中… Ⅱ. ①农… Ⅲ. ①农业—行业标准—汇编—中国②农业机械—行业标准—汇编—中国 Ⅳ.
①S-65

中国版本图书馆 CIP 数据核字（2019）第 241078 号

中国农业行业标准汇编（2020） 农机分册
ZHONGGUO NONGYE HANGYE BIAOZHUN HUIBIAN（2020）
NONGJI FENCE
_____

中国农业出版社出版
地址：北京市朝阳区麦子店街 18 号楼
邮编：100125
责任编辑：刘 伟 廖 宁
版式设计：张 宇 责任校对：刘丽香
印刷：北京印刷一厂印刷
版次：2020 年 1 月第 1 版
印次：2020 年 1 月北京第 1 次印刷
发行：新华书店北京发行所
开本：880mm×1230mm 1/16
印张：15.75
字数：520 千字
定价：160.00 元
_____